죽은 현대인에게 꼭 필요한 지혜의 음식입니다

누구나 몸이 아플 때 엄마가 쑤어 준 흰죽에 간장을 얹어 먹었던 기억이 있을 거예요. 죽을 떠올리면 왠지 모르게 정성과 사랑이 느껴지는 건 그 때문일까요?

우리 음식 죽에는 조상의 탁월한 지혜가 담겨있습니다. 쌀을 묽게 끓여 소화가 잘되고, 갖은 재료를 고루 넣을 수 있어 영양도 우수해요. 궁중에서는 매일 새벽녘에 '초조반'이라는 죽상을 올려 임금의 빈속을 달래고 기운을 돋웠다고 합니다. 그만큼 죽의 영양이 매우 뛰어났음을 알 수 있습니다.

죽은 탄수화물, 지방, 단백질, 비타민, 미네랄이 골고루 들어있어 건강을 지켜주고 두뇌활동과 심신안정을 도와요. 속이 불편할 때도 부담 없이 먹을 수 있어 더없이 좋지요. 영양이 불균형한 식생활과 스트레스 속에서 살아가는 현대인에게 꼭 필요한 음식입니다.

이 책에는 맛있는 죽, 몸에 좋은 죽이 담겨 있어요. 가볍게 먹을 수 있는 아침 죽, 현대인에게 필요한 영양을 보충해 만든 영양죽, 몸매와 피부를 가꿔주는 다이어트 죽, 아픈 증상을 완화하고 건강을 되찾아주는 약죽으로 구분해 담았습니다. 예부터 내려오는 전통 죽부터 요즘 입맛에 맞는 죽까지 종류가 다양하고, 들어간 재료의 영양과 효능도 설명했어요. 입맛과 상황에 맞춰 골라 먹을 수 있습니다.

죽은 간편하고 맛과 영양이 좋아 아플 때뿐 아니라 평소 식사로, 간식으로 그만이에요. 만들기도 어렵지 않아 누구나 즐길 수 있지요. 많은 사람들이 맛있게 먹고 건강을 지키는 데 이 책이 도움이 되었으면 좋겠습니다.

한복선

Contents

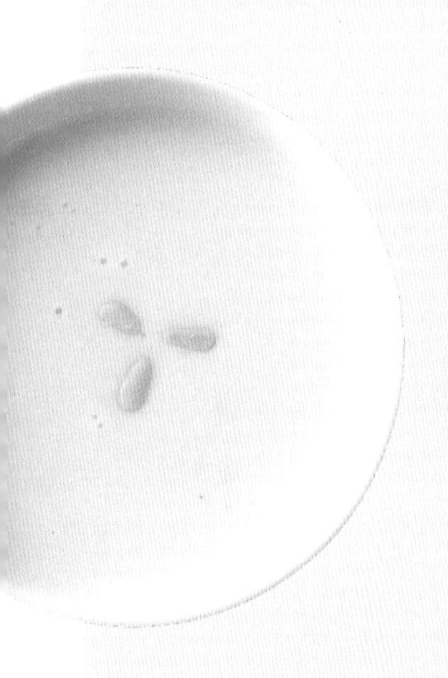

간단하고 소화 잘되는 아침 죽

기운 돋우고 두뇌발달 돕는 영양죽

3

날씬하고 예뻐지는

다이어트 죽

4

불편한 증상을 완화하는

약죽

죽과 어울리는 국과 반찬

죽 상차림

죽에 잘 어울리고 몸에 좋은 재료

소화가 잘되는 재료

무 소화효소와 비타민 C가 소화, 흡수, 노폐물 제거를 돕고 식이섬유가 변비를 예방한다. 체하거나 설사를 할 때 무즙을 먹으면 증상을 가라앉힐 수 있다.

생강 몸을 따뜻하게 만들고 매스꺼움을 가라앉히며, 독특한 향과 매운 맛이 위를 자극해 식욕을 돋운다. 즙을 내어 먹어도 좋다.

매실 신맛을 내는 구연산이 위산분비를 촉진해 소화를 돕고 입맛을 돋운다. 풍부한 유기산이 혈액순환을 돕고, 항균작용이 뛰어나 식중독 예방과 설사 치료 효과가 있다.

산수유 신장, 대장, 소장을 튼튼하게 하고 단백질의 소화를 도와 소화 기능을 높인다. 잦은 설사나 야뇨증에 효능이 있어 어린아이에게도 좋다. 새콤한 맛이 식욕을 돋운다.

찹쌀 비타민 B군이 풍부하고, 칼로리가 높으면서도 소화가 잘되는 것이 특징이다. 위와 장에 영양을 보충하고 설사를 멈추게 한다.

변비를 해소하는 재료

고구마 흡착력이 강한 식이섬유가 대장암의 원인이 되는 담즙 노폐물, 콜레스테롤, 지방을 몸 밖으로 배출하고 변비도 해소한다.

배추 수분이 90~95%로 변비에 좋고 소화를 돕는다. 비타민 C와 칼슘이 면역력을 높이므로 겨울철에 김치로 먹으면 좋다. 칼륨이 김치의 염분을 배출한다.

시래기(무청) 비타민 A와 C, 칼슘 등 영양이 풍부하고, 식이섬유가 많아 소화와 배변에 도움을 준다.

바나나 장을 깨끗하고 부드럽게 만들어 위장장애나 설사에 좋다. 바나나에 들어있는 식이섬유 중 하나인 펙틴이 장운동을 돕는다.

청국장 콩이 발효되면서 생기는 각종 효소와 미생물들이 신진대사를 촉진해 지방이 쌓이는 걸 막는다. 소화를 돕고, 장에 쌓인 숙변을 배출해 몸속의 독소를 없앤다.

죽은 맛있고 영양이 풍부할 뿐 아니라 질병을 예방하고 증상을 완화하는 등 건강관리에도 도움이 돼요. 죽에 잘 어울리고 몸에 좋은 재료를 소개합니다.

기운을 돋우는 재료

수삼 스트레스, 피로, 고혈압, 당뇨병에 효과적이고 항암작용이 있다. 몸에 기운이 없어 잔병치레가 잦고 늘 피곤한 사람에게 좋다.

마 강장식품으로 유명하며 위장장애와 당뇨병에 탁월한 효능이 있다. 꾸준히 먹으면 혈당치를 낮추고 성인병을 개선한다. 피로해소에도 좋다.

마늘 강장식품으로 알려져 있으며 항암작용이 있다. 몸에 활력을 주고 혈액순환을 촉진하며 면역력을 강화한다.

쇠고기 필수아미노산이 풍부해 기운을 돋우고 체력을 강하게 만든다. 지방이 적은 부위는 노인 보양식으로도 좋다.

오리고기 혈액순환이 잘되게 돕는다. 원기회복과 해독작용이 뛰어나 보양식품으로 알려져 있다. 불포화지방산이 대부분이라 다른 고기에 비해 많이 먹어도 부담이 적다.

뇌 기능을 돕는 재료

견과 몸에 좋은 단백질과 풍부한 불포화지방산이 두뇌발달을 돕는다. 비타민 B_1과 미네랄이 기억력과 집중력을 높인다.

미역 두뇌의 성장에 필요한 요오드와 칼슘이 풍부하다. 피와 머리를 맑게 해 신경안정을 돕는 효능도 있다.

굴 타우린, DHA, EPA 성분이 기억력을 높이고, 풍부한 비타민 B_{12}가 두뇌발달을 돕는다. 단백질, 칼슘, 칼륨, 철분, 인, 식이섬유도 듬뿍 들어있는 건강식품이다.

연어 두뇌 발달에 좋은 DHA가 풍부해 뇌 기능을 활성화하고 기억력과 집중력을 높인다. 오메가-3 지방산은 도파민과 세로토닌의 수치를 높여 우울증 예방에도 도움을 준다.

달걀 기억력, 학습능력과 관련이 있는 두뇌신경전달물질을 생산해 집중력을 높이고 학습능력을 개선한다. 노른자는 치매 예방 효과도 있다.

성인병을 예방하는 재료

버섯 혈중 콜레스테롤을 줄이는 구아닐산이 들어있어 고혈압과 심장병 환자에게 도움이 된다. 칼로리가 낮아 다이어트식으로도 좋다.

호박 인슐린을 만드는 췌장 세포의 재생을 촉진한다. 항산화물질이 풍부해 당뇨병 합병증에도 도움이 된다.

콩 혈당지수가 낮아 당뇨병 환자가 먹으면 좋다. 대두의 피니톨은 인슐린과 같은 효과를 내 혈당치를 떨어뜨린다.

완두콩 혈압을 낮추고 포도당의 흡수를 느리게 하는 효능이 있어 고혈압, 당뇨병 등의 성인병에 좋다.

율무 아미노산이 풍부해 신진대사를 원활하게 하고 피로를 해소한다. 인슐린 분비를 촉진하는 알리신이 들어있어 당뇨병 환자에게 좋다.

아름다움을 지켜주는 재료

가지 칼로리가 낮고 식이섬유가 풍부해 다이어트에 좋다. 수분이 많아 이뇨작용을 돕고, 칼륨이 노폐물을 배출한다. 보랏빛을 내는 안토시아닌은 노화 방지에 효과가 있다.

콩나물 식이섬유가 노폐물을 없애고 변비를 해소하며, 비타민 B_2가 지질대사를 촉진해 다이어트 효과가 있다. 콩에 없는 비타민 C가 풍부해 피부미용에 좋고 감기 예방 효과도 있다.

녹두 몸속의 노폐물을 배출하고 피로를 풀어준다. 소염작용이 뛰어나 피부의 염증완화에 좋은데, 특히 여드름을 가라앉히는 데 효과적이다.

검은깨 머리카락의 주성분인 케라틴이 풍부해 머리카락에 윤기를 더하고 탈모를 예방한다. 아토피성 피부염, 건선 피부염에도 효능이 있다. 칼슘이 풍부해 여성에게 좋다.

두부 양질의 단백질과 비타민, 미네랄 등 영양이 풍부하면서 칼로리는 낮고 포만감이 큰 다이어트 식품이다. 콜레스테롤 수치를 낮추고, 뼈 건강에도 도움을 준다.

마음을 가라앉히는 재료

양파 피를 맑게 해 심신을 안정시킨다. 양파의 매운맛과 향이 연수에 작용하여 신경안정제 역할을 한다.

대추 단맛을 내는 성분에 신경을 안정시키는 효과가 있다. 노이로제, 불면증, 불안, 히스테리 등의 증상을 가라앉히고 위경련을 낫게 한다.

국화차 소화를 돕고 눈을 밝히며 어지럼증, 두통을 예방한다. 풍부한 정유 성분이 조바심이나 불안감을 덜어주고 신경을 안정시킨다.

송화 위를 보호하고 정신을 맑게 하며 혈액순환을 도와 심신을 안정시킨다. 꿀, 요구르트 등에 타서 먹으면 먹기 좋다.

우유 단백질을 소화하는 과정에서 생기는 성분에 신경안정, 진통, 진정, 체온유지 효과가 있어 마음을 안정시키고 숙면을 돕는다.

감기를 낫게 하는 재료

유자 비타민이 사과의 10배, 오렌지의 3배 이상 들어있어 감기를 막고 면역력을 높인다.

배 열을 내리고 염증을 낫게 해 감기와 기침에 좋다. 주로 꿀을 조금 넣어 즙으로 만들어 먹는다.

홍시 비타민 A가 풍부하고 비타민 C가 단감의 2배, 사과의 10배 정도 들어있다. 바이러스에 감염되는 것을 막고 감기에 대한 저항력을 키워준다.

브로콜리 비타민 A가 점막의 저항력을 높여 감기, 세균감염을 막는다. 비타민 C가 레몬의 2배나 들어있고 철분 함량이 채소 중 으뜸이다.

치자 면역력을 높여 감기를 막고 불면증을 없앤다. 열을 내리고 소염작용이 우수해 목감기에 좋다.

죽 맛내기 요령과 흰죽 쑤기

죽 맛내기 요령

1 두꺼운 냄비를 쓴다

죽은 오래도록 뭉근히 끓여야 하므로 두꺼운 냄비에 쑨다. 알루미늄이나 스테인리스 냄비보다는 두꺼운 돌솥이나 코팅된 냄비, 유리 냄비, 법랑 냄비 등이 좋다. 또 끓어 넘치기 쉬우므로 재료보다 두세 배 정도 큰 냄비를 쓴다. 죽은 시간이 지나면 맛이 떨어지므로 한꺼번에 많이 쑤지 말고 한 번에 먹을 만큼만 쑨다.

2 쌀을 충분히 불린다

쌀, 찹쌀, 수수, 율무, 보리, 현미 등은 1시간 이상 충분히 불려서 끓인다. 쌀을 불리지 않으면 죽이 다 끓어도 잘 퍼지지 않고 쌀알이 오독오독 씹힐 수 있다. 쌀을 참기름에 볶다가 물을 부어 끓이면 고소한 맛을 살릴 수 있다.

3 부재료를 볶다가 끓인다

전복, 쇠고기, 채소 등의 부재료를 먼저 참기름에 볶다가 물과 쌀을 넣어 끓인다. 약재를 넣을 경우, 황기, 계피, 결명자 같은 말린 약재는 끓여서 우려내 그 물을 쓰고 산수유, 수삼 같은 생약재는 바로 넣어 끓인다.

4 물은 재료의 7배 붓는다

죽을 안칠 때 물은 재료의 7배 정도 붓고, 많은 양의 죽을 쑬 때는 물을 조금 줄인다. 현미는 여기에 1컵 정도 더 붓는다. 물은 처음부터 정확히 계량해서 넣는다. 중간에 더 넣으면 죽이 퍼지고 윤기가 없어진다.

5 센 불로 끓이다가 불을 줄인다

처음에는 센 불로 끓이다가 불을 줄여 뭉근히 끓여야 윤기가 나고 넘치지 않는다. 쌀알이 절반 정도 퍼지면 불을 약하게 줄이고 뚜껑을 연 채 나무주걱으로 저으면서 넘치지 않게 서서히 끓인다.

6 간을 약하게 한다

죽의 간은 불에서 내리기 직전에 소금이나 간장으로 약하게 한다. 간을 먼저 하거나 세게 하면 죽이 금방 삭는다. 먹는 사람이 직접 입맛에 맞게 간해 먹도록 간장, 소금, 꿀 등을 곁들여 내면 좋다.

죽을 맛있게 쑤려면 물의 양이나 불 조절 등에 신경 써야 해요.
몇 가지 기본 요령을 익혀두세요. 맛내기가 한결 쉬워집니다.

흰죽 쑤기

쌀로만 쑤는 흰죽은 가장 기본이 되는 죽이다. 흰죽을 잘 쑤면 다른 죽도 잘 쑬 수 있다. 죽 쑤기에 자신이 없다면 먼저 흰죽 쑤기로 기본기를 익힌다.

재료 쌀 1컵, 소금 조금, 물 7컵

1 **쌀 불리기** 쌀을 깨끗이 씻어서 물에 담가 1시간 이상 충분히 불린다.
2 **죽 끓이기** 불린 쌀을 두꺼운 냄비에 안치고 물을 부어 주걱으로 저어가며 끓인다.
3 **불 줄이기** 쌀이 반 정도 익으면 불을 약하게 줄이고 주걱으로 저어가며 쌀이 잘 퍼지도록 약한 불에서 끓인다. 소금으로 간한다.

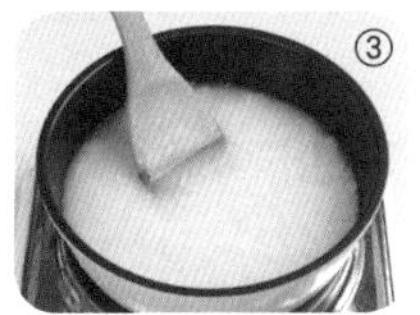

죽을 간편하게 즐기려면…

밥으로 후루룩 끓인다

바쁜 아침이나 준비 없이 급하게 죽을 쑤어야 할 때는 지어놓은 밥으로 끓인다. 찬밥을 처리해야 할 때도 죽을 쑤면 좋다. 팬에 참기름을 두르고 부재료를 볶다가 밥을 넣는다. 밥과 부재료가 잘 섞이면 물을 붓고 센 불에서 끓이다가 죽이 끓으면 불을 약하게 줄여 밥이 푹 퍼지도록 끓인다. 마지막에 소금, 간장, 참기름으로 가볍게 간을 한다.

쌀을 갈거나 압력솥에 쑨다

조리시간을 줄이고 싶으면 재료를 블렌더에 반쯤 갈아서 끓이거나 압력솥을 이용한다. 짧은 시간에 부드럽게 익힐 수 있다. 불린 쌀에 참기름을 넣고 블렌더에 반쯤 갈아서 끓이면 미음보다 입자는 살아있으면서 훨씬 부드럽다. 아주 급하게 죽을 쑤어야 할 때는 압력솥이 제격이다. 불린 쌀을 압력솥에 안치고 물을 부어 끓이다가 추가 달각거리기 시작하면 불을 줄여 5분 정도 끓인다.

죽 맛내는 4가지 기본 국물

멸치국물

멸치를 찬물에 넣고 끓여야 국물이 잘 우러난다. 너무 오래 끓이면 쓴맛이 나고 국물이 탁해지니 주의한다.

재료 굵은 멸치 30g, 물 2.5L

1 **멸치 손질하기** 멸치는 머리와 내장을 떼어낸다.
2 **멸치 볶기** 기름을 두르지 않은 팬에 손질한 멸치를 살짝 볶아 비린내를 없앤다.
3 **물 부어 끓이기** 냄비에 볶은 멸치와 찬물을 넣고 센 불에서 끓인다. 물이 끓으면 약한 불로 줄이고 거품을 걷어낸 뒤 20분 정도 더 끓인다.
4 **면포에 거르기** 국물을 면포에 걸러 맑은 국물만 받는다.

다시마국물

다시마의 흰 가루에 맛을 내는 성분이 있으니 모래 정도만 살살 닦아낸다. 너무 높은 온도에서 오래 끓이면 오히려 비린내가 날 수 있으니 주의한다.

재료 다시마(10×10cm) 10장, 청주 2큰술, 물 2.5L

1 **다시마 닦기** 젖은 면포로 다시마의 모래나 잡티를 닦는다.
2 **다시마 우려 끓이기** 냄비에 손질한 다시마를 넣고 찬물을 부어 30분 정도 우린 뒤 그대로 센 불에 올린다. 국물이 끓기 시작하면 다시마를 건져내고 청주를 넣어 1분 정도 더 끓인다.
3 **면포에 거르기** 국물을 면포에 걸러 맑은 국물만 받는다.

죽은 양념이 많이 들어가지 않아 국물만 잘 써도 훌륭한 맛을 낼 수 있어요.
신선한 재료를 쓰고 불 조절을 잘하는 게 국물 맛을 잘 내는 비결입니다.

쇠고기국물

진하고 구수한 감칠맛이 좋아 다양한 요리에 두루두루 쓰이는 기본 중의 기본 국물이다. 대부분의 죽과 잘 어울린다.

재료 쇠고기 300g, 마늘 5쪽, 통후추 10알, 청주 1큰술, 물 2.5L

1 **쇠고기 핏물 빼기** 쇠고기를 면포나 종이타월로 감싸서 핏물을 충분히 뺀다.
2 **향신채소·물 넣어 끓이기** 냄비에 쇠고기, 마늘, 통후추를 넣고 찬물을 부어 센 불에서 끓인다. 국물이 끓기 시작하면 거품을 걷어낸다.
3 **청주 넣고 졸이기** 한소끔 더 끓으면 청주를 넣고 불을 줄여 국물이 반 정도 졸도록 은근히 끓인다.
4 **면포에 거르기** 국물을 면포에 걸러 맑은 국물만 받는다.

닭고기국물

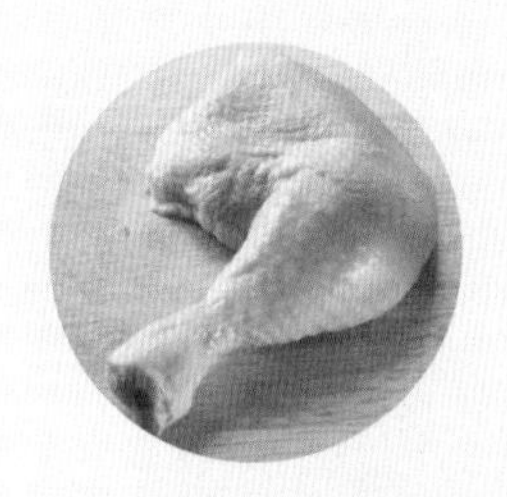

맛이 깊고 진하지만 닭 특유의 맛이 있으므로 유의한다. 닭뼈나 닭다리만으로도 국물을 낸다.

재료 닭 1kg, 대파 1대, 마늘 4~5쪽, 생강 5g, 통후추 10알, 물 2.5L

1 **닭 손질하기** 닭은 껍질을 벗기고 가슴살을 발라내 따로 둔다.
2 **향신채소·물 넣어 끓이기** 냄비에 남은 닭을 담고 대파, 마늘, 생강, 통후추, 물을 넣어 40분 정도 푹 끓인다.
3 **면포에 거르기** 국물을 면포에 걸러 맑은 국물만 받는다.

간단하고 소화 잘되는
아침 죽

아침엔 입맛이 없고 속도 편치 않은 경우가 많아 먹기 편하고 소화가 잘되는 음식을 찾게 돼요. 간편하고 영양이 풍부한 죽을 준비해보세요. 입맛을 돋우고 든든하면서 속은 편한 죽, 아침식사로 이만한 음식이 없습니다.

1

쇠고기채소죽

쇠고기와 채소를 곱게 다져 넣고 끓인 친숙한 죽이에요.
단백질과 비타민이 풍부한 재료를 듬뿍 넣어 든든해요.

재료

불린 쌀 1컵
다진 쇠고기 100g
채소 200g
(시금치, 애호박, 당근, 양파, 팽이버섯)
간장 1/2큰술
다진 파 1작은술
다진 마늘 1/3작은술
깨소금 1/3작은술
참기름 1/2작은술
소금 조금
물 7컵

①
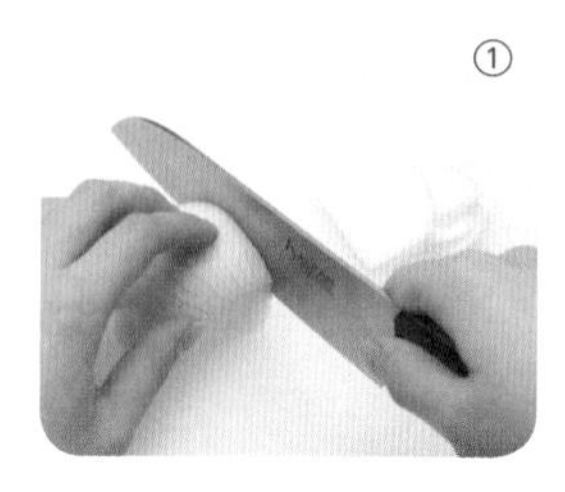

②

1 **채소 썰기** 준비한 채소를 잘게 썬다.
2 **고기 볶기** 두꺼운 냄비에 참기름을 두르고 다진 쇠고기와 간장, 다진 파, 다진 마늘을 넣어 볶는다.
3 **죽 끓이기** ②에 물을 붓고 불린 쌀을 넣어 끓인다.
4 **채소 넣고 간하기** 쌀이 익으면 잘게 썬 채소와 참기름, 깨소금, 소금을 넣고 푹 끓인다.

Tip 고기를 넣어 죽을 쑬 때는 고기를 양념해 볶은 뒤 물, 쌀, 채소의 순서로 넣어 끓이세요.

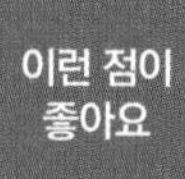

근육과 뼈가 튼튼해져요

쇠고기는 근육과 뼈에 영양을 공급해 튼튼하게 만들어요. 양파는 칼슘과 철분, 비타민이 풍부합니다. 위를 건강하게 하고 콜레스테롤 수치를 낮춰 고혈압, 당뇨병 환자에게도 좋아요.

시금치달걀죽

참기름에 쌀을 볶아 고소하게 죽을 끓인 뒤 시금치를 넣고 달걀노른자를 올렸어요.
손쉽게 만드는 영양 죽입니다.

재료

불린 쌀 1컵
시금치 100g
달걀 1개
간장·참기름·소금 조금씩
물 8컵

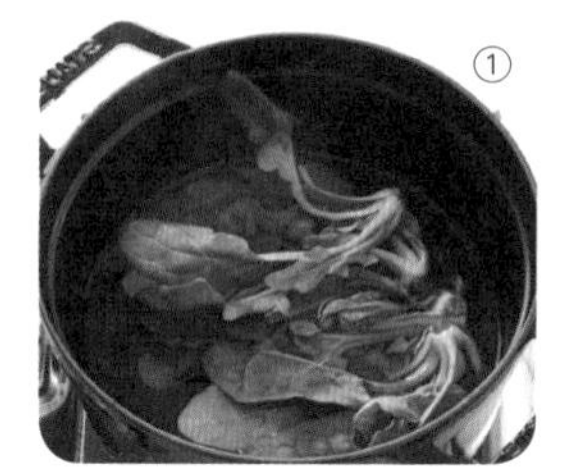

1 **시금치 손질하기** 시금치를 씻어 끓는 물에 살짝 데친 뒤 물기를 짜서 잘게 썬다.
2 **죽 끓이기** 두꺼운 냄비에 참기름을 두르고 불린 쌀을 볶은 뒤, 물을 붓고 나무주걱으로 저어가며 끓인다.
3 **시금치·달걀흰자 넣기** 죽이 잘 퍼지면 데친 시금치와 달걀흰자를 풀어 넣고 저어가며 끓인다.
4 **간하고 달걀노른자 얹기** 소금으로 간한 뒤 그릇에 담고 달걀노른자를 얹어 간장과 함께 낸다.

Tip 줄기가 긴 여름철 시금치는 한 번 데쳐서 쓰고, 납작하고 뿌리 부분이 붉은 겨울철 시금치는 그대로 넣어 끓이세요.

이런 점이 좋아요

빈혈에 좋고 피부가 촉촉해져요

시금치는 비타민과 미네랄이 고루 들어있어 빈혈에 좋고, 식이섬유가 풍부해 변비에도 효과가 있어요. 달걀은 노른자에 불포화지방산과 좋은 콜레스테롤이, 흰자에 단백질이 풍부해 몸을 튼튼하게 하고 피부를 촉촉하게 유지해줘요.

애호박조갯살죽

애호박과 쫄깃한 조갯살이 잘 어우러진 부드러운 죽이에요.
두뇌회전을 돕고 간의 피로를 풀어줘 아침식사로 좋아요.

재료

불린 쌀 1컵
애호박 1/2개
조갯살 1컵
참기름·소금 조금씩
물 7컵

조갯살 양념
간장 1큰술
다진 파 1/2큰술
다진 마늘 1/3작은술
고춧가루 1/2작은술
깨소금·참기름 1작은술씩

①

②

1 **재료 손질하기** 애호박은 가늘게 채 썰고, 조갯살은 소금물에 씻는다.
2 **조갯살 볶기** 두꺼운 냄비에 참기름을 두르고 조갯살과 양념을 넣어 볶는다.
3 **죽 끓이기** ②에 불린 쌀을 넣고 물을 부어 센 불에서 끓인다.
4 **애호박 넣고 간하기** 쌀이 익으면 불을 줄인 뒤 애호박을 넣고 소금으로 간해 끓인다. 그릇에 담아 간장과 함께 낸다.

Tip 환자의 회복식이나 아기 이유식으로 준비할 때는 곱게 다져서 끓이세요.

이런 점이 좋아요

레시틴이 두뇌활동을 도와요

애호박은 레시틴이 풍부해 치매를 예방하고 두뇌활동을 촉진해요. 비타민 A·C·E가 피부노화와 탈모를 막아주기도 하지요. 소화흡수가 잘돼 이유식으로 만들어도 좋아요. 조갯살은 간을 보호하는 필수아미노산인 메티오닌이 풍부해 해장국 재료로 제격입니다.

북어무죽

북어해장국을 응용한 죽으로 시원한 국물 맛이 일품이에요.
북어는 간을 보호하고, 무는 소화를 도와요.

재료

불린 쌀 1컵
북어포 50g
달걀 1개
무 20g
실파 1뿌리
간장 1작은술
다진 마늘 1/3작은술
참기름·소금 조금씩
물 7컵

양념장
간장 1큰술
다진 파 1/2큰술
다진 마늘 1/3작은술
깨소금·참기름 1작은술씩

①

②

1 **재료 손질하기** 북어포를 물에 담가 꼭 짜서 작게 썬다. 실파는 어슷하게 썰고, 무는 곱게 채 썬다.
2 **재료 볶기** 냄비에 참기름을 두르고 북어포와 실파, 무, 간장, 다진 마늘을 넣어 볶는다.
3 **죽 끓이기** ②에 불린 쌀을 넣고 물을 부어 센 불에서 끓인다.
4 **달걀 풀고 간하기** 쌀이 익으면 달걀을 풀어 넣고 소금으로 간해 섞는다. 그릇에 담아 양념장과 함께 낸다.

Tip 북어의 머리와 꼬리, 지느러미는 버리지 말고 푹 끓여서 국물로 쓰세요.

이런 점이 좋아요

숙취를 풀고 소화를 도와요

북어는 간을 보호하는 성분이 많아 술 마신 다음 날 먹으면 좋아요. 단백질이 두부의 8배, 우유의 24배나 들어있는 고단백 식품으로 다른 생선보다 지방이 적어 혈관에도 좋습니다. 무는 소화효소와 식이섬유가 풍부해 소화를 돕고, 비타민 C도 풍부해요.

김치죽

김칫국을 끓이다 현미를 넣고 쑨 전통 죽으로 입맛을 돌게 해요.
소화기관을 자극해 변비를 막는 효과도 있습니다.

재료

불린 현미 1컵
배추김치 100g
돼지고기 50g
소금 조금
물 7컵

돼지고기 양념
간장 1작은술
다진 파 1/2작은술
다진 마늘 1/3작은술
참기름 조금

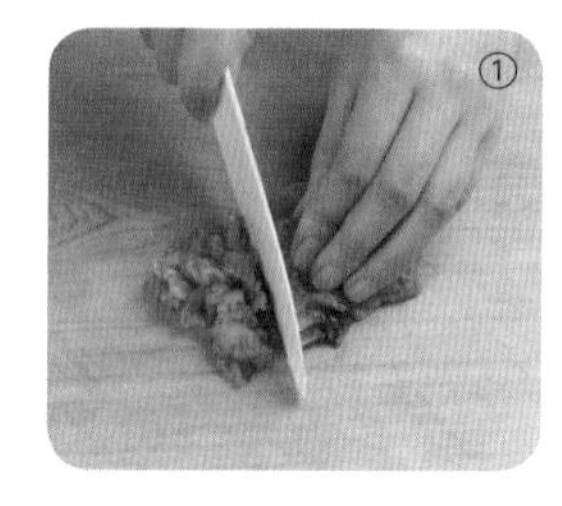
①

②

1 **배추김치 썰기** 배추김치는 소를 털고 채 썬다.
2 **돼지고기 양념하기** 돼지고기를 잘게 썰어 간장, 다진 파, 다진 마늘, 참기름으로 양념한다.
3 **돼지고기·김치 볶기** 두꺼운 냄비에 참기름을 두르고 양념한 돼지고기를 볶다가 김치와 물을 넣고 센 불에서 끓인다.
4 **죽 끓이기** 물이 끓으면 불린 현미를 넣어 끓인다.
5 **간하기** 현미가 익으면 소금으로 간한 뒤 그릇에 담아 간장과 함께 낸다.

Tip 신 김치보다는 적당히 익은 김치로 쑤는 게 좋아요.

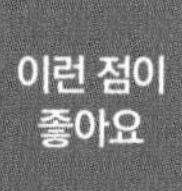
이런 점이 좋아요

장운동을 돕고 피로를 풀어요

김치는 유산균과 각종 효소, 식이섬유, 비타민 C가 장의 활동을 도와 소화와 배설을 촉진해요. 식욕을 돋우고 피로해소에도 좋지요. 돼지고기는 질 좋은 단백질이 풍부하고, 필수지방산의 일종인 리놀렌산이 뇌의 활동을 도와요. 철분의 체내흡수율이 높아 빈혈도 예방합니다.

아욱죽

아욱과 버섯을 넣어 끓인 구수한 장국죽이에요.
식이섬유와 비타민, 미네랄이 풍부해 변비를 예방할 수 있어요.

재료

불린 쌀 1컵
아욱 200g
마른 새우 1/2컵
고추장 1큰술
다진 파 1큰술
다진 마늘 1/2작은술
소금 조금
물 7컵

1 **마른 새우 갈기** 마른 새우를 2/3만 블렌더에 곱게 간다.
2 **아욱 손질하기** 아욱은 껍질을 벗긴 뒤 소금을 넣고 주물러 씻어 푸른 물을 빼고 송송 썬다.
3 **국물 내기** 두꺼운 냄비에 물을 붓고 고추장을 푼 뒤, 마른 새우와 ①의 새우가루를 넣어 끓인다.
4 **죽 끓이고 간하기** ③에 불린 쌀과 아욱, 다진 파, 다진 마늘을 넣어 끓이다가 소금으로 간해 저어가며 푹 끓인다.

이런 점이 좋아요

비타민이 풍부하고 골다공증을 예방해요

아욱은 채소 중에서도 비타민이 매우 많아요. 특히 가을에 영양이 더 풍부합니다. 새우는 단백질 함유량이 60%나 되고 골다공증을 예방하는 키토산이 풍부해요.

근대죽

부드러운 근대와 감칠맛이 좋은 마른 새우를 넣고 죽을 끓였어요.
소화가 잘돼 위가 안 좋은 사람에게 특히 좋아요.

재료

불린 쌀 1컵
근대 200g
감자 1개
마른 새우 1/3컵
간장 1큰술
다진 파 1작은술
다진 마늘 1/2작은술
깨소금·참기름·소금 조금씩
물 7컵

①

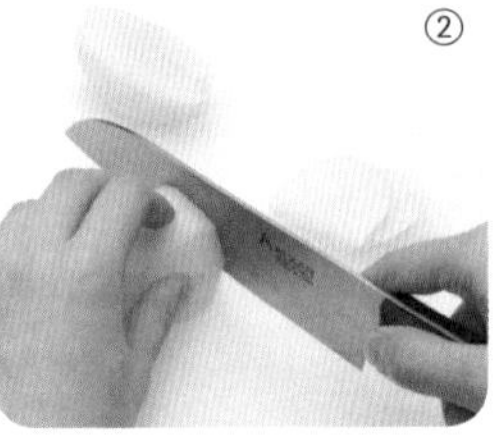
②

1 **근대 손질하기** 근대는 껍질을 벗겨내고 끓는 물에 데친 뒤 꼭 짜서 송송 썬다.
2 **감자 썰기** 감자는 껍질을 벗겨 도톰하게 썬다.
3 **죽 끓이기** 두꺼운 냄비에 불린 쌀과 마른 새우, 감자를 넣고 물을 부어 끓인다.
4 **근대 넣고 간하기** 쌀이 퍼지면 근대를 넣고 간장, 다진 파, 다진 마늘, 깨소금, 참기름으로 맛을 낸 뒤 소금으로 간한다.

Tip 마른 새우로 국물을 낼 때 새우가 굵으면 끓여서 체에 걸러 국물만 쓰세요. 새우가루를 써도 괜찮아요.

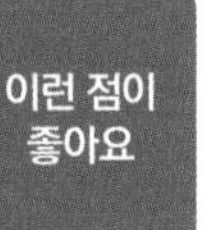

비타민과 미네랄이 풍부해요

근대는 비타민과 미네랄, 식이섬유가 풍부해요. 새우는 단백질과 비타민, 칼슘 등의 미네랄이 듬뿍 들어있고, 타우린도 풍부해 간을 해독하고 면역력을 높입니다. 포도당의 흡수를 느리게 하는 효과도 있어요.

부추장국죽

고기와 부추를 넣고 고추장, 된장을 풀어 맛을 낸 장국죽이에요.
소화가 잘되고 장을 튼튼하게 해요.

재료

불린 쌀 1컵
부추 100g
쇠고기 50g
된장 1/2큰술
고추장 1/2큰술
참기름 조금
물 7컵

쇠고기 양념
간장 1작은술
다진 파 1/2작은술
다진 마늘 1/3작은술
참기름·후춧가루 조금씩

①

②

1 **부추·쇠고기 준비하기** 부추는 다듬어 씻어 짧게 썬다. 쇠고기는 가늘게 채 썰어 쇠고기 양념으로 무친다.
2 **쇠고기 볶다가 장국 끓이기** 두꺼운 냄비에 참기름을 두르고 양념한 쇠고기를 볶다가 물을 붓고 된장, 고추장을 풀어 끓인다.
3 **죽 끓이기** ②에 불린 쌀을 넣고 끓이다가 쌀이 익으면 부추를 넣고 좀 더 끓인다.

Tip 국물에 기름기가 뜨면 깨끗이 걷어내야 맛이 깔끔해요.

이런 점이 좋아요

장을 튼튼하게 해요

부추는 단백질과 비타민이 풍부하고 위와 장을 튼튼하게 해요. 쇠고기의 단백질에는 성장에 필요한 필수아미노산이 골고루 들어있어요.

브로콜리달걀죽

데친 브로콜리, 잘게 썬 파프리카에 달걀을 넣어 색이 고운 쌀죽이에요.
단백질, 비타민, 미네랄이 풍부해 영양가도 높아요.

재료

불린 쌀 1컵
브로콜리 150g
파프리카(작은 것) 1/2개
삶은 달걀 1개
소금 조금
물 7컵

양념장

간장 1큰술
다진 파 1/2큰술
다진 마늘 1/3작은술
고춧가루 1/2작은술
깨소금·참기름 1작은술씩

①

②

1 **브로콜리 데치기** 브로콜리는 송이를 작게 잘라 끓는 물에 소금을 조금 넣고 데친다.
2 **죽 끓이기** 두꺼운 냄비에 불린 쌀을 넣고 물을 부어 센 불에서 끓인다.
3 **브로콜리·파프리카 넣기** 쌀이 반 정도 퍼지면 약한 불로 줄이고 데친 브로콜리와 잘게 썬 파프리카를 넣어 저어가며 끓인다.
4 **간하고 달걀 올리기** 쌀이 푹 퍼지면 소금으로 간한다. 그릇에 담고 삶은 달걀을 부수어 올려 양념장과 함께 낸다.

이런 점이 좋아요

면역력을 높이고 학습능력을 키워줘요

브로콜리는 칼슘과 비타민이 풍부해요. 비타민 C는 레몬보다 2배 많고 비타민 A와 B군도 골고루 들어있어 면역력을 키워줍니다. 달걀은 뇌의 신경전달물질을 생산해 기억력과 집중력을 높여요. 노른자에 뇌에 좋은 콜린이 듬뿍 들어있어 치매 예방에도 효과적입니다.

현미버섯장국죽

불린 쌀과 현미를 갈아서 고기와 버섯을 넣고 끓여 영양만점이에요.
기운을 보충하고 성인병도 예방해요.

재료

불린 쌀 1/2컵
불린 현미 1/2컵
쇠고기 100g
양송이버섯 4개
참기름·소금 조금씩
물 7컵

쇠고기 양념
간장 1/2큰술
설탕 1/2작은술
다진 파 1작은술
다진 마늘 1/3작은술
깨소금 1/3작은술
참기름 1/2작은술
후춧가루 조금

②

③

④

1 **쌀·현미 갈기** 불린 쌀과 현미에 참기름을 넣고 블렌더에 반쯤 간다.
2 **쇠고기·양송이버섯 준비하기** 쇠고기는 다져서 양념하고, 양송이버섯은 저민다.
3 **쇠고기·양송이버섯 볶기** 두꺼운 냄비에 참기름을 두르고 양념한 쇠고기를 볶다가 저민 양송이버섯을 넣어 볶는다.
4 **죽 끓이기** ③에 쌀을 넣고 물을 부어 센 불에서 저어가며 끓인다.
5 **간하기** 쌀알이 퍼지면 소금으로 간해 끓인다.

Tip 현미는 블렌더에 반 정도 갈아서 쓰거나 압력솥에 끓이면 부드럽게 잘 익어요.

이런 점이 좋아요

영양이 많고 성인병을 예방해요

현미는 단백질, 미네랄, 식이섬유가 쌀보다 2배 더 많아요. 버섯은 콜레스테롤을 줄이는 구아닐산이 들어있어 고혈압과 심장병 환자에게 좋아요. 최근엔 암을 예방하는 효과도 주목받고 있어요.

미역줄기죽

미역줄기와 조갯살을 달달 볶아 쌀을 넣고 끓인 죽이에요.
변비를 개선하고 혈압을 내리는 효과도 있어요.

재료

불린 쌀 1컵
미역줄기 100g
조갯살 1/2컵
실파 1뿌리
간장 1작은술
참기름·소금 조금씩
물 7컵

①

③

1 **재료 손질하기** 조갯살은 소금물에 씻어 건지고, 미역줄기는 물에 담가 소금기를 완전히 뺀 뒤 잘게 썬다. 실파는 어슷하게 썬다.
2 **재료 볶기** 두꺼운 냄비에 참기름을 두르고 조갯살과 미역줄기, 실파, 간장을 넣어 살짝 볶다가 물을 붓고 저어가며 끓인다.
3 **죽 끓이기** ②에 쌀을 넣고 저어가며 끓인다.
4 **간하기** 쌀이 푹 퍼지면 소금으로 간한다.

Tip 겨울에는 물미역을 끓는 물에 데쳐서 잘게 썰어 미역줄기 대신 써도 좋아요.

이런 점이 좋아요

변비를 해소하고 간을 해독해요

미역은 풍부한 식이섬유가 변비를 해소하고, 끈적끈적한 알긴산 성분이 혈압을 내려줘요. 신진대사를 활발하게 해서 산후조리 때 먹으면 회복이 빨라요. 조갯살은 간을 보호하는 필수아미노산인 메티오닌이 풍부해요.

고구마현미죽

퓩 삶은 현미에 고구마를 으깨어 넣고 끓였어요.
현미의 쌀눈에 효소가 풍부해 소화가 잘되고, 좁쌀을 더해 맛도 좋아요.

재료

불린 현미 1컵
고구마 1½개(200g)
좁쌀 2큰술
소금 조금
물 7컵

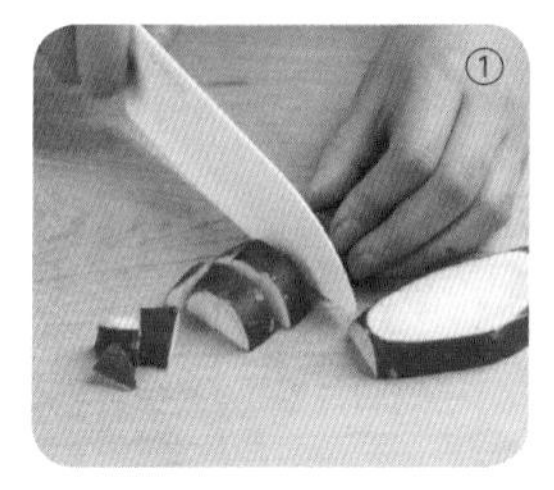

1 **고구마 썰기** 고구마를 작게 썬다.
2 **죽 끓이기** 두꺼운 냄비에 불린 현미를 넣고 물을 부어 약한 불에서 푹 끓인다.
3 **고구마·좁쌀 넣기** 죽이 퍼지면 고구마를 넣고, 고구마가 익으면 나무주걱으로 으깬 뒤 좁쌀을 넣고 저어가며 끓인다.
4 **간하기** 죽이 잘 퍼지면 소금으로 간한다.

Tip 현미를 씻어 냉장고에 며칠 두면 싹이 트는데, 이 발아현미로 죽을 쑤면 효소가 풍부한 건강 죽이 돼요. 현미는 더디게 익으니 죽을 빨리 쑤려면 압력솥을 이용하세요.

이런 점이 좋아요

식이섬유가 풍부하고 나트륨을 배출해요

고구마는 식이섬유가 풍부해 변비를 예방해요. 나트륨을 배출하는 칼륨이 많아 김치와 함께 먹으면 좋아요. 현미는 위와 장을 튼튼하게 만들고 설사를 멈추게 해요.

밤죽

밤을 갈아 넣어 고소한 맛이 좋은 쌀죽이에요.
밤은 단백질, 탄수화물, 비타민 등이 풍부해 건강에 좋아요.

재료

불린 쌀 1컵
밤 20개
소금 조금
물 8컵

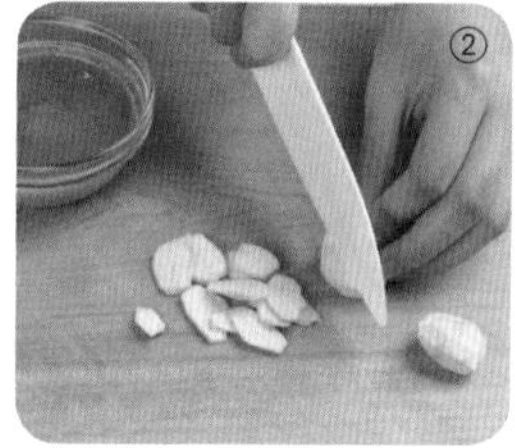

1 **죽 끓이기** 불린 쌀을 냄비에 넣고 물을 부어 센 불에서 저어가며 끓인다.
2 **밤 손질하기** 밤은 껍질을 벗겨 2/3는 블렌더에 갈고, 1/3은 3~4쪽으로 썬다.
3 **밤 넣기** 쌀이 익으면 불을 줄이고 갈아둔 밤과 썬 밤을 넣는다.
4 **간하기** 쌀이 퍼지면 소금으로 간한다.

Tip 밤은 미리 갈아두면 색이 변하니 죽을 끓이는 동안 준비하세요. 밤을 곱게 갈기가 번거로우면 삶아서 으깨 넣어도 좋아요.

이런 점이 좋아요

영양소가 골고루 들어있어요

밤은 단백질, 탄수화물, 지방, 비타민, 미네랄 등이 골고루 들어있어요. 피를 잘 돌게 하고, 위와 장의 기능을 개선해요.

찰수수경단죽

동글동글한 수수경단이 귀여운 영양죽이에요.
소화가 잘되고 위를 편안하게 만들어 언제 먹어도 부담이 없어요.

재료

불린 찹쌀 1컵
밤 2개
완두콩 1큰술
소금 조금
물 7컵

수수경단

찰수수가루 1컵
밀가루 2큰술
물 1/2컵

①

②

④

1 **밤·완두콩 준비하기** 밤은 껍질을 벗겨 저며 썰고, 완두콩은 삶는다.
2 **수수경단 만들기** 찰수수가루와 밀가루를 섞고 물 1/2컵을 부어 치대며 반죽한다. 동그랗게 경단을 빚어 끓는 물에 삶는다.
3 **죽 끓이기** 두꺼운 냄비에 불린 찹쌀을 담고 물을 부어 센 불에서 끓인다.
4 **경단·밤·완두콩 넣기** 쌀이 익으면 삶은 경단, 밤, 삶은 완두콩을 넣고 불을 약하게 줄여 끓인다.
5 **간하기** 죽이 잘 퍼지면 소금으로 간한다.

Tip 수수경단은 수수가루에 밀가루를 섞어 반죽해야 찰기가 생겨 예쁘게 빚을 수 있어요. 미리 만들어 냉동해두고 필요할 때 꺼내 쓰면 편해요.

이런 점이 좋아요

위를 편안하게 해요

수수는 몸을 따뜻하게 하고 생리활성 성분이 풍부해 위의 기능을 도와요. 심한 구토나 설사를 일으키는 콜레라, 세균성 식중독, 급성 위염에도 효능이 있습니다. 찹쌀은 비타민 B군이 풍부하고, 칼로리가 높으면서도 소화가 잘되는 것이 특징이에요.

감자죽

포슬포슬한 감자를 멸치국물에 넣고 푹 끓인 구수한 죽이에요.
탄수화물과 비타민, 칼슘, 각종 미네랄이 듬뿍 들어있어요.

재료

불린 쌀 1컵
감자 1개
양파 1/2개
실파 20g
소금 조금

멸치국물
굵은 멸치 10마리
물 7컵

1 **멸치국물 내기** 멸치는 머리와 내장을 떼고 냄비에 볶다가 물을 붓고 15분쯤 끓인다. 국물이 우러나면 체에 거른다.
2 **채소 썰기** 양파는 채 썰고, 감자는 껍질을 벗겨 도톰하게 썬다. 실파는 송송 썬다.
3 **죽 끓이기** 두꺼운 냄비에 불린 쌀과 양파, 감자를 넣고 멸치국물을 부어 저어가며 끓인다.
4 **실파 넣고 간하기** 쌀이 푹 익으면 잘게 썬 실파를 넣고 소금으로 간한 뒤 그릇에 담아 간장과 함께 낸다.

Tip 감자를 멸치국물에 푹 끓여서 으깬 뒤 쌀을 넣고 끓여도 맛있어요.

이런 점이 좋아요

스트레스를 풀어주고 위를 튼튼하게 해요

감자는 칼슘이 많아 성장기 청소년에게 좋아요. 풍부한 비타민 C는 스트레스해소를 돕고, 양질의 단백질은 위를 튼튼하게 합니다. 소화도 잘돼요.

무죽

무와 배추를 넣어 시원하고 담백해요.
무와 배추 모두 소화를 돕고, 비타민이 풍부해 감기에도 좋아요.

재료

불린 쌀 1컵
무 100g
배추 100g
당근 20g
다진 쇠고기 50g
참기름·소금 조금씩
물 7컵

쇠고기 양념
간장 1작은술
다진 파 1/2작은술
다진 마늘 1/3작은술
깨소금·참기름 조금씩

1 **재료 준비하기** 무와 배추, 당근은 짧게 채 썰고, 다진 쇠고기는 쇠고기 양념으로 무친다.
2 **재료 볶기** 두꺼운 냄비에 참기름을 두르고 양념한 쇠고기와 무, 배추, 당근을 넣어 볶은 뒤 물을 부어 끓인다.
3 **죽 끓이기** ②에 불린 쌀을 넣고 저어가며 푹 끓인다.
4 **간하기** 쌀이 퍼지면 소금으로 간한다.

②

Tip 무와 배추는 항상 준비해두세요. 국, 찌개, 밥, 반찬 등에 쉽게 활용할 수 있어 편해요.

소화가 잘되고 비타민 C가 풍부해요

무는 소화효소가 풍부해 소화가 잘되고, 배추는 식이섬유가 풍부해 소화를 돕고 변비에 효과가 있어요. 무와 배추 모두 비타민 C와 칼슘이 풍부해 감기를 예방하고 면역력을 높여요.

마두유죽

식물성 단백질이 풍부하고 소화가 잘되는 마와 두유를 넣어 속이 편하고 든든해요.
영양도 많고 미용에도 좋아요.

재료

불린 쌀 1컵	미니 파프리카 2개
마 100g	참기름·소금 조금씩
두유 2컵	물 5컵

1 **마·파프리카 썰기** 마는 껍질을 벗겨 부채꼴로 썰고, 미니 파프리카는 통으로 얇게 썬다.
2 **죽 끓이기** 두꺼운 냄비에 참기름을 두르고 쌀을 볶다가 물을 부어 센 불에서 끓인다.
3 **마 넣기** 죽이 끓으면 불을 줄이고 마를 넣어 푹 끓인다.
4 **간 하고 파프리카·두유 넣기** 소금으로 간하고 파프리카와 두유를 넣어 가볍게 섞는다.

Tip 마는 식초에 담가 미끈미끈한 성분을 없애기도 하는데, 약효 면에서는 그대로 넣는 것이 더 좋아요.

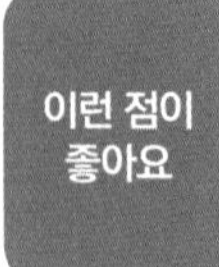

당뇨병을 예방하고 콜레스테롤을 줄여요

마는 질 좋은 단백질과 필수아미노산이 풍부하고, 인슐린 분비를 촉진해 당뇨병 예방에 좋아요. 두유는 심장병과 고혈압을 예방하고, 불포화지방산이 풍부해 콜레스테롤 수치를 낮춰요.

옥수수죽

옥수수 알갱이가 톡톡 씹혀 더 맛있는 죽이에요. 고소하고 부드러워 소화가 잘되고 피부를 좋게 하며 부기를 빼는 효과가 있어요.

재료

불린 쌀 1컵
통조림 옥수수 1컵
소금 조금
물 8컵

1 **옥수수 갈기** 옥수수 1/2컵을 블렌더에 갈아 체에 내린다.
2 **죽 끓이기** 두꺼운 냄비에 옥수수와 쌀, 물을 넣어 중간 불에서 끓인다.
3 **옥수수 넣기** 쌀이 익으면 갈아둔 옥수수를 넣고 잘 저어가며 끓인다.
4 **간하기** 소금으로 간한다.

Tip 옥수수죽에 우유를 넣고 끓이면 맛도 좋고 영양도 살아납니다.

이를 튼튼하게 하고 노화를 막아요

옥수수는 비타민 E가 풍부해 피부를 튼튼하게 하고 노화를 막아요. 잇몸질환 치료제의 주성분인 베타시소스테롤이 들어있어 충치와 잇몸질환에도 좋습니다. 식이섬유도 풍부해요.

바나나죽

구기자 달인 물에 쌀과 바나나를 넣고 끓인 죽이에요.
소화가 잘되고 위와 장을 튼튼하게 만들어요.

재료

불린 쌀 1컵
바나나 1개
호두 조금
꿀·소금 조금씩

구기자물
구기자 1/3컵
물 7컵

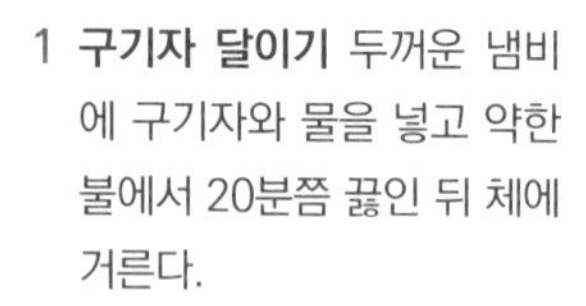

1 **구기자 달이기** 두꺼운 냄비에 구기자와 물을 넣고 약한 불에서 20분쯤 끓인 뒤 체에 거른다.
2 **바나나·호두 준비하기** 바나나는 도톰하게 썰고, 호두는 곱게 다진다.
3 **죽 끓이기** 두꺼운 냄비에 불린 쌀과 구기자물을 넣고 푹 끓이다가 바나나와 호두를 넣어 끓인다.
4 **간하기** 구기자를 넣고 잠시 더 끓여 소금으로 간한다. 그릇에 담아 꿀과 함께 낸다.

위장장애를 개선해요

바나나는 장의 독소를 없애줘요. 바나나의 당질은 소화가 잘되기 때문에 위장장애가 있는 사람이 먹기에 좋습니다. 구기자는 혈액순환을 원활하게 해요. 특히 피부노화를 일으키는 활성산소를 배출해 젊음을 유지시켜줘요.

베리죽

블루베리와 딸기가 만나 항산화작용이 뛰어난 새콤달콤 베리죽이 탄생했어요.
비타민이 풍부해 아침을 생기 있게 시작할 수 있어요.

재료

불린 쌀 1컵
블루베리 1컵
딸기 4개
꿀 1큰술
소금 조금
물 7컵

1 **죽 끓이기** 두꺼운 냄비에 불린 쌀과 물을 넣어 센 불에서 끓인다. 절반 정도 퍼지면 약한 불로 줄인다.
2 **간하기** 죽이 퍼지면 소금으로 간한다.
3 **블루베리·딸기 넣기** 블루베리와 딸기를 썰어 넣고 저어가며 잠시 끓인 뒤, 꿀을 넣어 잘 섞는다.

③

Tip 블루베리의 보랏빛은 열을 가하면 옅어져요. 죽이 다 되면 마지막에 넣으세요.

이런 점이 좋아요

스트레스와 활성산소를 막아줘요

블루베리와 딸기는 비타민과 안토시아닌이 풍부해 스트레스해소에 아주 좋아요. 블루베리는 활성산소를 막아주는 항산화효과가 아주 뛰어나요.

기운 돋우고 두뇌발달 돕는

영양죽

바쁜 생활과 스트레스로 지친 현대인에게는 충분한 영양 섭취가 꼭 필요해요. 풍부한 영양을 한 그릇에 담았습니다. 부족한 영양을 보충해 기운을 북돋우고 두뇌발달에도 도움을 주는 죽이에요. 피곤한 남편을 위해, 공부에 지친 아이를 위해 준비해보세요.

2

쇠고기죽

쇠고기와 계피를 푹 삶아 맛과 영양을 진하게 우려냈어요.
단백질이 풍부하고 감칠맛이 좋아 입맛이 없고 기운이 없을 때 먹으면 좋아요.

재료

불린 쌀 1컵
쇠고기(양지머리) 100g
계피 15g
만가닥버섯 100g
잣 조금
소금 조금
물 8컵

쇠고기 양념
간장 1/2큰술
설탕 1/2작은술
다진 파 1작은술
다진 마늘 1/3작은술
깨소금 1/3작은술
참기름 1/2작은술
후춧가루 조금

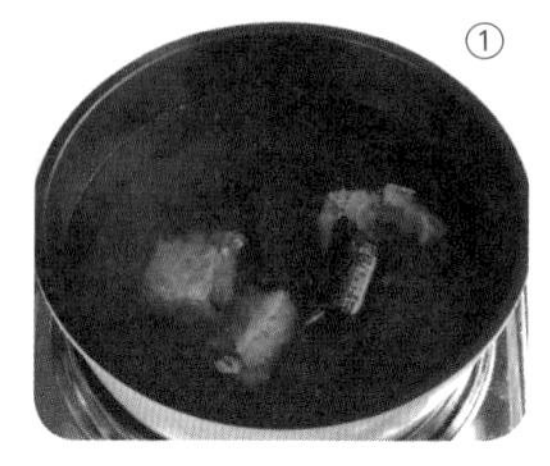

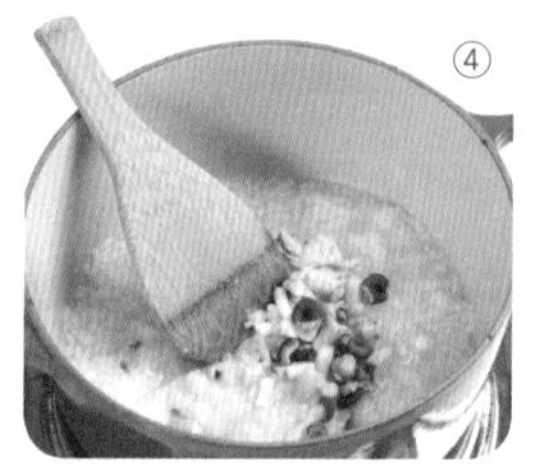

1 **쇠고기·계피 삶기** 쇠고기를 물에 담가 핏물을 뺀 뒤, 냄비에 계피와 함께 넣고 물을 부어 30분 정도 푹 삶는다.
2 **쇠고기 양념하기** 삶은 쇠고기와 계피를 건져내고, 쇠고기는 납작하게 썰어 양념한다.
3 **죽 끓이기** ①의 국물에 불린 쌀을 넣고 중간 불에서 끓인다. 쌀이 반 정도 익으면 불을 약하게 줄이고 천천히 끓인다.
4 **버섯 넣고 간하기** 죽이 잘 퍼지면 만가닥버섯을 잘게 썰어 넣고 소금으로 간해 다시 한번 끓인다.
5 **쇠고기·잣 올리기** 죽을 그릇에 담고 양념한 쇠고기와 잣을 얹는다.

Tip 쇠고기 없이 계피만 우려낸 물을 써도 달큼하면서 조금 매콤한 맛이 좋아요.

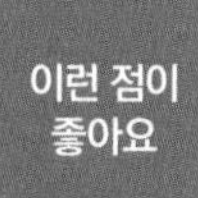

필수아미노산이 골고루 들어있어요

쇠고기는 양질의 단백질이 풍부해요. 쇠고기의 단백질에는 성장에 필요한 필수아미노산이 골고루 들어있어요. 계피는 몸을 따뜻하게 해요. 덕분에 각 장기에 피가 잘 돌고 기능도 좋아집니다.

고기완자죽

쇠고기로 동그란 완자를 만들어 넣어 먹는 재미가 쏠쏠해요.
고소한 들깨와 상큼한 오이를 넣어 맛과 영양을 더했어요.

재료

불린 쌀 1컵
다진 쇠고기 100g
두부 30g
오이 1/3개
들깨가루 적당량
소금 조금
물 7컵

완자 양념

간장 1/2큰술
다진 파 1작은술
다진 마늘 1/3작은술
깨소금 1/3작은술
참기름 1/2작은술
후춧가루 조금

①

②

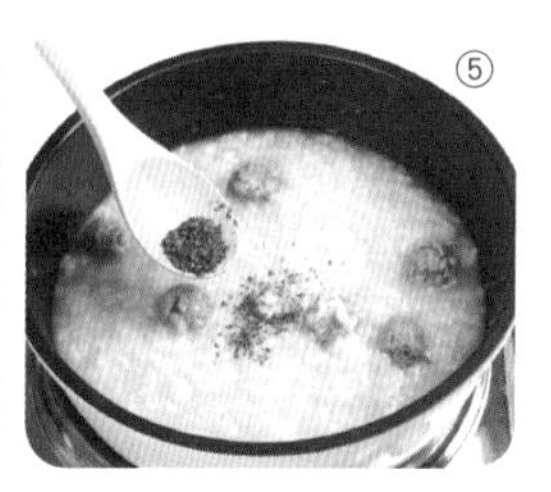
⑤

1 **재료 준비하기** 두부를 으깬 뒤 다진 쇠고기와 완자 양념을 넣어 반죽한다. 오이는 얇게 썬다.
2 **완자 빚기** ①의 완자 반죽을 조금씩 떼어 작고 동그란 완자를 빚는다.
3 **완자 익히기** 두꺼운 냄비에 물을 끓여 완자를 삶는다. 국물에 뜬 거품은 걷어낸다.
4 **죽 끓이기** ③에 불린 쌀을 넣고 센 불에서 저어가며 끓인다. 쌀이 푹 익으면 불을 약하게 줄인다.
5 **들깨가루 넣고 간하기** 들깨가루와 오이를 넣고 소금으로 간해 조금 더 끓인다.

Tip 완자를 만들지 않고 고기를 볶아서 죽을 끓여도 괜찮아요.

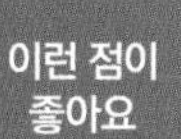

단백질과 비타민이 풍부해요

쇠고기는 근육과 뼈에 영양을 공급하고 기운을 돋워요. 들깨는 비타민이 골고루 들어있어 체력이 떨어졌을 때 기운을 보충하는 효과가 있어요. 풍부한 리놀렌산과 비타민 E·F가 피부미용에도 도움을 줍니다.

전복죽

전복을 참기름에 볶다가 쌀을 넣고 끓여 고소해요.
스태미나에 좋은 전복은 대표적인 보양식품이에요.

재료

불린 쌀 1컵
전복 2개(300g)
참기름 1큰술
간장·소금 조금씩
물 7컵

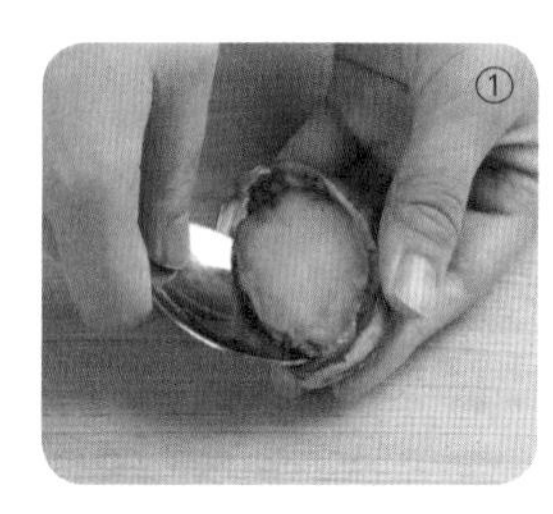
①

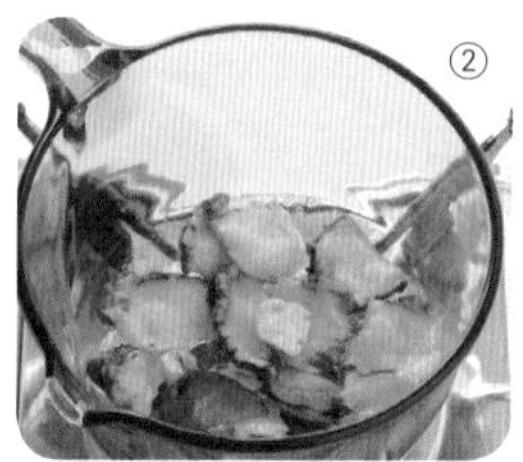
②

1 **전복 손질하기** 전복을 솔로 문질러 깨끗이 씻은 뒤, 숟가락으로 살을 떼어 얇게 저민다.
2 **전복 볶기** 두꺼운 냄비에 참기름을 두르고 전복을 볶다가 물을 부어 센 불에서 끓인다.
3 **죽 끓이기** ②에 불린 쌀을 넣고 저어가며 끓인다.
4 **간하기** 쌀이 푹 퍼지면 소금으로 간한 뒤 그릇에 담아 간장과 함께 낸다.

Tip 입맛에 따라 전복 내장을 넣고 끓여도 좋아요. 암컷의 내장은 진한 녹색을 띠고, 수컷의 내장은 노란색을 띱니다.

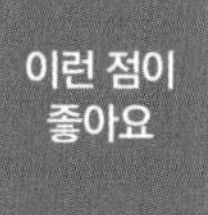

피로가 쉽게 오는 사람에게 좋아요

전복은 필수아미노산이 풍부하고 인, 철분, 요오드 등의 미네랄과 비타민 A도 많아요. 간 기능을 강화하는 데도 탁월한 효능이 있어 피로를 쉽게 느끼는 사람에게 좋습니다.

삼계죽

어린 닭에 인삼과 통마늘을 넣고 끓여 맛이 진해요. 인삼과 마늘, 닭은 모두 기운을 돋우고 신경안정을 돕는 재료들입니다.

재료

불린 쌀 1컵
영계 1/2마리
수삼 20g
대추 4개
마늘 4쪽
다진 파 조금
소금·후춧가루 조금씩
물 7컵

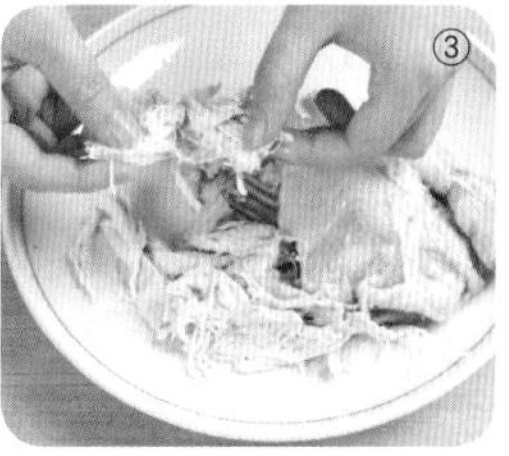

1 **대추 손질하기** 대추를 깨끗이 씻어 건져 씨를 뺀다.
2 **재료 삶기** 두꺼운 냄비에 물을 붓고 영계와 수삼, 대추, 마늘을 넣어 끓인다.
3 **삶은 재료 손질하기** 닭고기가 익으면 체에 거르고 국물의 기름기를 걷는다. 닭고기는 살만 발라 잘게 찢고, 수삼은 작게 썬다.
4 **죽 끓이다가 닭고기·수삼 넣기** ③의 닭국물에 불린 쌀을 넣어 센 불에서 끓이다가 닭고기와 수삼을 넣고 저어가며 끓인다.
5 **간하고 고명 얹기** 쌀이 푹 퍼지면 불을 줄이고 소금으로 간한다. 그릇에 담고 소금, 후춧가루와 함께 낸다.

Tip 대추를 약선 음식에 넣을 때는 씨를 빼고 사용하세요.

이런 점이 좋아요

피로를 풀고 독소를 제거해요

닭은 간 기능을 회복시키는 효능이 있어 피로한 몸에 활력을 보충해줘요. 근력을 유지시키고 소화흡수도 잘됩니다. 마늘은 알싸한 맛을 내는 알리신 성분이 항균·살균작용 있어 유해균의 증식을 억제해요. 비타민 B군은 신진대사를 촉진하고 면역력을 강화합니다.

굴죽

바다의 우유라 불리는 영양식품 굴을 듬뿍 넣고 끓였어요.
신경을 안정시키고 기억력을 높여 예민해지기 쉬운 수험생에게 좋습니다.

재료

불린 쌀 1컵
굴 1컵
미나리 1줄기
참기름·소금 조금씩
물 7컵

양념장
간장 1큰술
다진 파 1/2큰술
다진 마늘 1/3작은술
고춧가루 1/2작은술
깨소금·참기름 1작은술씩

①

②

⑤

1 **굴 씻기** 굴은 소금물에 씻어 물기를 뺀다.
2 **굴 볶기** 두꺼운 냄비에 참기름을 두르고 굴을 볶는다.
3 **죽 끓이기** ②에 불린 쌀을 넣고 물을 부어 센 불에서 저어가며 끓인다.
4 **간하기** 쌀이 익으면 미나리를 잘게 썰어 넣고 소금으로 간해 끓인다.
5 **양념장 만들어 곁들이기** 죽이 푹 퍼지면 그릇에 담고 양념장을 만들어 함께 낸다.

Tip 자연산 굴은 제철인 겨울에 가장 맛있어요. 여름에는 냉동이나 양식 굴을 쓰세요.

이런 점이 좋아요

스태미나에 좋고 뼈를 튼튼하게 해요

굴은 남성호르몬의 분비를 촉진하는 아연과 에너지원인 글리코겐이 많아 스태미나 식품으로 알려져 있어요. 칼슘과 철분이 풍부해 뼈 건강과 빈혈 예방에도 좋아요. 굴에 많은 타우린, DHA, EPA는 기억력을 높이고 두뇌활동을 촉진합니다.

두부명란죽

몸에 좋은 두부와 피부에 좋은 명란을 넣은 쌀죽이에요.
영양 많고 맛도 좋아 별식으로 아주 좋아요.

재료

불린 쌀 1컵
두부 50g
명란 50g
국간장 1/2큰술
다진 실파 1/2큰술
다진 마늘 1/2작은술
새우젓 1/2작은술
청주 1/2작은술
참기름 1작은술
소금 조금
물 7컵

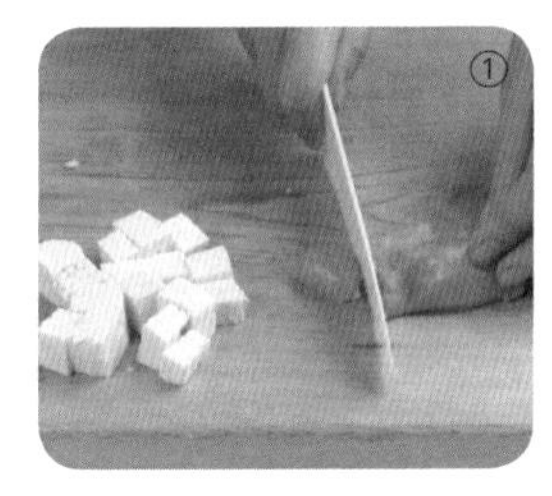

1 **두부·명란 손질하기** 두부는 작게 깍둑썰기 하고, 명란도 작게 썬다.
2 **죽 끓이기** 두꺼운 냄비에 불린 쌀을 넣고 물을 부어 센 불에서 끓인다. 쌀이 절반 정도 퍼지면 불을 약하게 줄인다.
3 **두부·명란 넣기** 두부와 명란, 다진 실파, 다진 마늘, 새우젓을 넣고 저어가며 끓이다가 국간장과 청주를 넣어 끓인다.
4 **간하기** 소금과 참기름으로 간한다.

Tip 새우젓은 두부와 명란에 잘 어울리고 소화를 도와줘요.

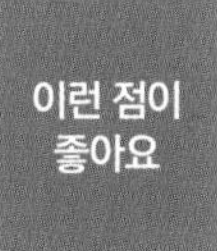

양질의 단백질이 가득해요

두부는 양질의 식물성 단백질이 가득해 성장기 어린이의 두뇌발달과 치매 예방에 효과적이에요. 소화가 잘되고 칼로리가 낮아 하루 종일 앉아서 생활하는 학생과 직장인에게도 부담이 없습니다. 명란은 필수아미노산이 농축되어있는 단백질 덩어리예요.

연어죽

노릇하게 구운 연어를 넣고 끓인 영양만점 죽이에요. 연어는 DHA와 EPA 등이 풍부해 아이들에게 특히 좋아요. 향이 좋은 달래양념장을 곁들여 먹으면 맛있어요.

재료

불린 쌀 1컵
연어 200g
시금치 30g
달래 20g
소금 조금
식용유 조금
멸치국물 7컵

달래양념장
간장 1큰술
달래 50g
다진 파 1/2큰술
다진 마늘 1/3작은술
고춧가루 1/2작은술
깨소금·참기름 1작은술씩

1 **연어 굽기** 연어는 소금을 살짝 뿌려 10분 정도 두었다가, 달군 팬에 식용유를 두르고 앞뒤로 굽는다. 구운 연어는 살을 큼직하게 발라둔다.
2 **죽 끓이기** 두꺼운 냄비에 불린 쌀을 넣고 멸치국물을 부어 센 불에서 저어가며 끓인다.
3 **시금치·연어 넣고 간하기** 쌀이 익으면 불을 약하게 줄인 뒤 시금치와 연어 살, 달래를 넣고 소금으로 간한다.
4 **달래양념장 만들기** 달래를 잘게 썰어 나머지 재료와 섞는다.
5 **그릇에 담기** 죽이 푹 퍼지면 그릇에 담고 달래양념장과 함께 낸다.

Tip 생 연어 대신 훈제연어를 사용하면 편리해요.

이런 점이 좋아요

DHA와 EPA가 풍부해요

연어는 두뇌에 좋은 DHA와 EPA가 풍부하고 성장을 촉진하는 비타민 B_1과 B_2, 나이아신 등이 들어있어 청소년에게 아주 좋아요. 강력한 핵산 성분이 면역력을 강화해 몸을 튼튼하게 만듭니다.

파프리카닭죽

폭 고아 끓인 영계백숙에 비타민이 풍부한 파프리카를 넣었어요.
자칫 느끼할 수 있는 닭고기죽을 상큼한 파프리카가 보완해줘요.

재료

불린 찹쌀 1컵
영계 1/2마리
파프리카 150g
마늘 5쪽
청주 1큰술
간장 조금
물 7컵

1 **닭국물 내기** 두꺼운 냄비에 영계, 마늘, 청주, 물을 넣고 20분 정도 끓여 체에 거른다. 국물의 기름기를 걷어내고, 닭은 살만 발라 찢는다.
2 **파프리카 썰기** 파프리카를 잘게 썬다.
3 **죽 끓이기** ①의 닭국물에 불린 찹쌀을 넣어 끓인다.
4 **닭고기·파프리카 넣고 간하기** 쌀이 익으면 닭고기와 파프리카를 넣어 푹 끓인 뒤 간장으로 간한다.

Tip 닭국물을 한꺼번에 많이 우려낼 때는 닭발을 넣어 우리면 국물이 진해요.

이런 점이 좋아요

눈의 피로를 풀고 신경을 안정시켜요

파프리카는 비타민 덩어리라 불릴 정도로 비타민이 풍부해요. 질병 예방에 효과적이고 눈의 피로를 풀어줘 공부하는 학생, 컴퓨터 사용이 많은 직장인에게 좋습니다. 닭은 필수아미노산이 풍부해 뇌의 활동을 촉진하고, 스트레스를 이기도록 도와 신경을 안정시킵니다.

곰탕죽

고소한 사골국물을 뽀얗게 우려 쌀을 넣고 진하게 끓인 죽.
기운을 북돋우고 근육과 뼈를 튼튼하게 합니다.

재료

불린 쌀 1컵
사골국물 2컵
당근·대추·실파 조금씩
고춧가루·후춧가루·소금 조금씩
물 5컵

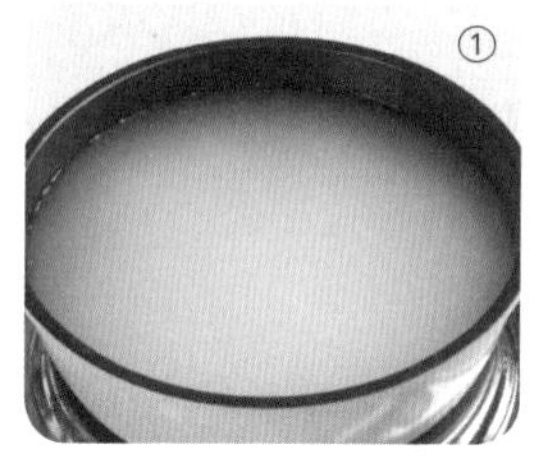
①

③

1 **죽 끓이기** 냄비에 불린 쌀을 넣고 물 5컵을 부어 센 불에서 끓인다.
2 **사골국물 넣어 끓이기** ①에 사골국물을 붓고 불을 약하게 줄여 저으면서 끓인다.
3 **채소 넣기** 쌀이 익으면 당근, 대추, 실파를 잘게 썰어 넣는다.
4 **간하기** 소금으로 간한 뒤 그릇에 담아 고춧가루, 후춧가루와 함께 낸다.

Tip 사골은 깨끗이 씻어 뽀얀 국물이 날 때까지 오래 끓여야 합니다. 여러 차례 끓여서 합해야 국물 맛이 좋아요.

이런 점이 좋아요

피부에 탄력을 주고 근육을 튼튼하게 해요

소뼈는 단백질과 칼슘이 풍부해 위를 보호하고 뼈를 튼튼하게 해요. 콜라겐이 듬뿍 들어있어 근육과 관절 건강에도 도움이 됩니다.

단호박죽

단호박죽은 부드럽고 달콤하며 소화도 잘돼 노인이나 아이들이 먹기 좋아요.
두뇌발달에도 도움이 돼 수험생 간식으로 안성맞춤입니다.

재료

찹쌀가루 1/2컵
단호박 1개
꿀·소금 조금씩
물 7컵

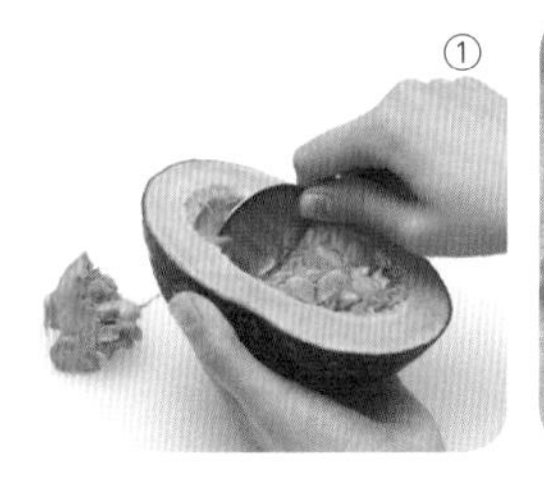

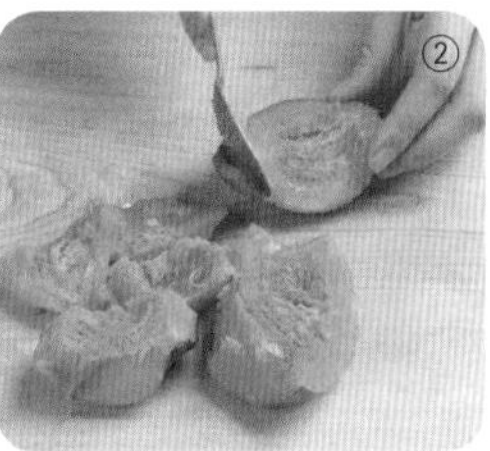

1 **단호박 찌기** 단호박을 반 갈라 씨를 빼고 찜통에 찐다.
2 **단호박 속 긁어 죽 끓이기** 찐 단호박의 속을 긁어 냄비에 담고 물을 조금씩 부어가며 골고루 저어 끓인다.
3 **찹쌀가루 넣기** 끓는 죽에 찹쌀가루를 넣고 멍울이 생기지 않도록 계속 젓는다.
4 **간하기** 소금으로 간한 뒤 그릇에 담아 꿀과 함께 낸다.

Tip 찹쌀가루 대신 생크림이나 우유를 넣어 끓이면 고소한 단호박수프가 됩니다.

이런 점이 좋아요

두뇌발달을 돕고 소화가 잘돼요

호박은 필수아미노산이 풍부해 두뇌발달을 도와요. 베타카로틴이 위 점막을 보호하고 소화를 도와 위가 약한 사람, 회복기 환자에게도 좋습니다. 부기를 빼는 효과가 탁월하고, 식이섬유가 많아 변비도 예방해줘요.

검은깨죽

검은깨와 쌀을 곱게 갈아서 체에 내려 부드럽게 끓인 죽.
질 좋은 지방으로 가득한 검은깨가 에너지를 보충해줍니다.

재료

불린 쌀 1컵
볶은 검은깨 1/2컵
꿀·소금 조금씩
물 7컵

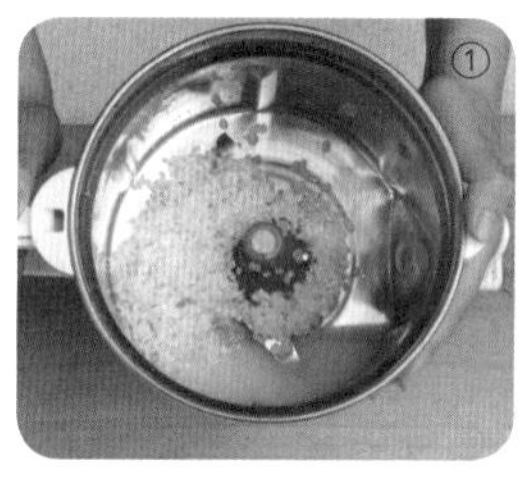

1 **불린 쌀 갈기** 불린 쌀을 물 2컵과 함께 블렌더에 갈아 체에 거른다.
2 **검은깨 갈기** 볶은 검은깨를 블렌더에 곱게 갈아서 물 2컵과 섞어 잠시 두었다가 체에 내려 껍질만 버린다.
3 **죽 끓이기** 두꺼운 냄비에 갈아둔 쌀물과 검은깨물을 넣고 나머지 물을 부어 약한 불에서 저어가며 끓인다.
4 **간하기** 죽이 부드럽게 익으면 소금으로 간한 뒤 그릇에 담아 꿀과 함께 낸다.

Tip 쌀가루를 넉넉히 만들어 냉동실에 넣어두고 필요할 때마다 덜어 쓰면 편해요.

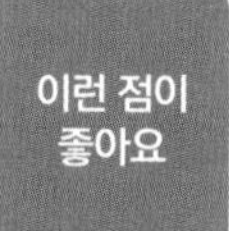

체력을 보충하고 탈모를 예방해요

검은깨는 양질의 지방과 단백질이 풍부해 체력을 보충해요. 혈관 속에 쌓여있는 노폐물을 배출하고 탈모도 막아줘요. 칼슘이 치즈의 2배, 우유의 11배나 들어있어 골다공증 예방에 좋으며, 철분이 많아 빈혈에도 효과적입니다.

버섯들깨죽

쫄깃하고 담백한 버섯과 고소한 들깨향이 어우러진 건강 죽이에요.
오메가-3가 풍부해 뇌 건강에 좋아요.

재료

불린 쌀 1컵
버섯 100g
(목이버섯, 마른 표고버섯,
팽이버섯, 양송이버섯,
만가닥버섯)
들깨가루 2큰술
들기름 1큰술
소금 조금
물 7컵

②

③

1 **죽 끓이기** 두꺼운 냄비에 들기름을 두르고 불린 쌀과 물을 넣어 센 불에서 끓인다.
2 **버섯 손질하기** 목이버섯과 마른 표고버섯은 물에 담가 불리고, 나머지 버섯은 씻어서 물기를 닦고 작게 썬다.
3 **버섯·들깨가루 넣기** 쌀이 익으면 불을 약하게 줄이고 버섯과 들깨가루를 넣어 나무주걱으로 저어가며 끓인다.
4 **간하기** 소금으로 간한다.

Tip 시판하는 들깨가루에는 껍질이 있어요. 고운 죽을 쑤려면 물에 타서 체에 거르세요.

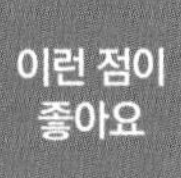

두뇌발달을 돕고 치매를 예방해요

버섯은 머리를 맑게 하는 효능이 있어 두뇌활동이 많은 청소년에게 좋아요. 고혈압과 심장병에 도움 되며, 항암효과도 있어요. 들깨는 오메가-3가 풍부해 성장기 어린이와 청소년의 두뇌발달과 치매 예방에 좋아요. 콜레스테롤을 줄이고 혈관의 노화를 막아 동맥경화 예방에도 효과적입니다.

잣죽

쌀과 잣을 곱게 갈아 만들어 고소한 맛과 향이 일품이에요.
영양이 풍부해 기운을 돋우고 두뇌발달에도 좋아요.

재료

쌀 1컵
잣 1/2컵
꿀·소금 조금씩
물 6½컵

1 **쌀 갈기** 불린 쌀을 물 1컵과 함께 블렌더에 곱게 갈아 체에 거른다.
2 **잣 갈기** 잣을 물 ½컵과 함께 블렌더에 곱게 갈아 체에 거른다.
3 **죽 끓이기** 두꺼운 냄비에 간 쌀과 물 5컵을 붓고 약한 불에서 저어가며 끓인다.
4 **잣물 넣기** 죽이 되직해지면 간 잣을 조금씩 부어가며 한 방향으로 저어 멍울을 푼다.
5 **간하기** 죽이 매끄럽게 퍼지면 소금으로 간한 뒤 그릇에 담아 꿀과 함께 낸다.

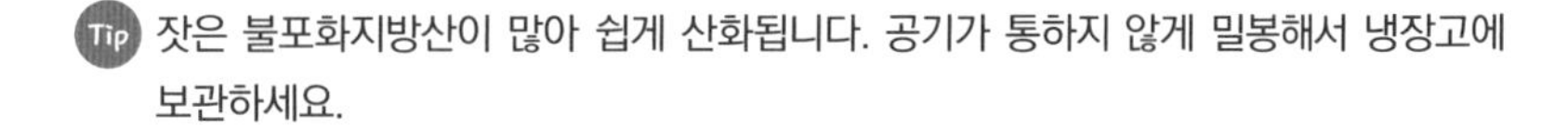

Tip 잣은 불포화지방산이 많아 쉽게 산화됩니다. 공기가 통하지 않게 밀봉해서 냉장고에 보관하세요.

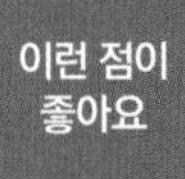

이런 점이 좋아요

뇌 기능을 강화하고 피를 맑게 해요

잣은 머리에 좋은 올레산과 리놀레산이 풍부해 뇌 기능을 강화해줘요. 간과 폐, 대장을 튼튼하게 하며, 불포화지방산이 풍부해 피를 맑게 합니다.

땅콩죽

땅콩과 불린 쌀을 곱게 갈아서 끓인 고소한 죽이에요.
불포화지방산이 뇌 기능을 활성화하고 콜레스테롤을 줄여줘요.

재료

불린 쌀 1컵
볶은 땅콩 1컵
꿀·소금 조금씩
물 7컵

①

②

1 **땅콩·쌀 갈기** 땅콩은 속껍질을 벗겨 블렌더에 곱게 간다. 불린 쌀은 물 1컵과 함께 블렌더에 굵게 간다.
2 **죽 끓이기** 두꺼운 냄비에 갈아둔 쌀을 담고 물 6컵을 부어 센 불에서 저어가며 끓인다.
3 **땅콩가루 넣기** 죽이 끓으면 불을 약하게 줄이고 간 땅콩을 넣어 저어가며 끓인다.
4 **간하기** 소금으로 간해 살짝 끓인 뒤 그릇에 담아 꿀과 함께 낸다.

Tip 땅콩은 곱게 갈아야 삼킬 때 목에 걸리지 않아요. 생 땅콩을 쓸 때는 속껍질이 있는 상태로 물에 담가 떫은맛을 빼고 쓰세요.

이런 점이 좋아요

뇌 건강을 지키고 원기를 회복시켜요

땅콩은 불포화지방산이 많아 혈중 콜레스테롤을 조절하고 뇌를 건강하게 해요. 소화를 돕고 폐를 튼튼하게 하며 가래를 없애는 효과도 있어요. 비타민 B군과 E가 풍부해 원기회복에도 좋습니다.

연자마죽

연꽃 열매인 연자를 갈아서 마와 함께 끓여 부드럽고 고소해요.
영양이 풍부하며, 소화가 잘돼 편하게 먹을 수 있어요.

재료

불린 쌀 1컵
연자(연밥) 1/2컵
마 100g
당근 20g
참기름·소금 조금씩
물 8컵

①

③

1 **연자 손질하기** 연자를 미지근한 물에 담가 떫은맛을 우려낸 뒤, 손으로 비벼 껍질을 벗긴다. 손질한 연자를 물 1컵과 함께 브렌더에 곱게 갈아 체에 내린다.
2 **마·당근 썰기** 마는 껍질을 벗겨 잘게 썰고, 당근도 잘게 썬다.
3 **죽 끓이기** 두꺼운 냄비에 불린 쌀을 넣고 물 7컵을 부어 센 불에서 저어가며 끓인다.
4 **마·당근 넣기** 쌀이 익으면 갈아둔 연자와 마, 당근을 넣어 끓인다.
5 **간하기** 쌀이 푹 퍼지면 참기름과 소금으로 간한다.

Tip 연자는 연꽃의 열매로 연밥이라고도 해요. 껍질째 넣으면 색이 진해지고 떫은맛이 나기 때문에 껍질을 벗겨서 써야 합니다. 껍질을 벗겨 가루 낸 것을 넣어도 좋아요.

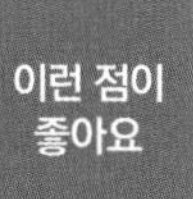

심장을 튼튼하게 하고 성인병을 예방해요

연자는 탄수화물, 단백질, 지방 등 주요 영양소와 비타민, 철분, 칼슘, 칼륨 등이 풍부한 식품이에요. 심장을 안정시키는 효과가 있어요. 마는 질 좋은 단백질과 필수아미노산이 풍부하며, 위를 보호해 소화가 잘됩니다. 인슐린 분비를 촉진해 당뇨병 예방에도 좋아요.

호두완두미음

뇌에 좋은 호두와 소화에 좋은 완두콩을 곱게 갈아 미음을 쑤었어요.
꿀을 곁들이면 달콤해서 더 맛있어요.

재료

불린 쌀 1컵
호두 1컵
삶은 완두콩 1/2컵
꿀·소금 조금씩
물 12컵

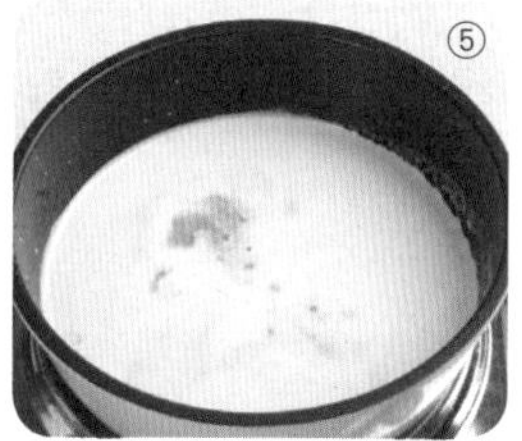

1 **쌀 갈기** 불린 쌀을 물 2컵과 함께 블렌더에 곱게 갈아 체에 내린다.
2 **완두콩 갈기** 삶은 완두콩을 물 1컵과 함께 블렌더에 곱게 갈아 체에 내린다.
3 **호두 볶아 갈기** 팬에 기름 없이 호두를 볶는다. 블렌더에 볶은 호두와 물 2컵을 넣고 곱게 갈아 체에 내린다.
4 **미음 끓이기** ①의 쌀물과 물 7컵을 냄비에 부어 중간 불에서 저어가며 끓인다.
5 **완두콩물·호두물 넣기** 미음이 투명해지면 불을 약하게 줄이고 완두콩물과 호두물을 넣어 저어가며 끓인다.
6 **간하기** 쌀이 매끄럽게 풀리면 소금으로 간해 잠시 끓인다. 그릇에 담아 꿀과 함께 낸다.

Tip 호두를 물에 불려 쓴맛 나는 속껍질을 벗겨내도 좋아요.

이런 점이 좋아요

머리를 맑게 하고 치매를 예방해요

호두는 머리를 좋게 하고 기운을 돋우는 효과가 뛰어나요. 신장과 대장을 튼튼하게 하며, 간 기능을 도와 수험생의 피로를 풀고 신경안정을 돕습니다. 완두콩은 레시틴이 들어있어 뇌를 건강하게 지켜주고 치매를 예방해요. 혈압을 낮추고 포도당의 흡수를 느리게 하는 효과도 있습니다.

차조미음

차조는 영양이 많아 예로부터 기운을 돋우는 식품으로 사용해왔어요.
불린 찹쌀과 함께 곱게 갈아서 미음을 쑤면 소화도 잘돼요.

재료

불린 찹쌀 1/2컵
차조 1/2컵
소금 조금

수삼대추물
수삼 2뿌리
대추 10개
물 13컵

①

③

1 **차조·대추 준비하기** 차조는 씻어 체에 밭치고, 대추는 깨끗이 씻어 건져 씨를 뺀다.
2 **수삼·대추 끓이기** 두꺼운 냄비에 수삼과 씨 뺀 대추를 넣고 물을 부어 천천히 끓인다.
3 **죽 끓이기** ②에 불린 찹쌀과 차조를 넣고 센 불에서 저어가며 끓인다.
4 **체에 내리기** 찹쌀과 차조가 잘 익으면 체에 쏟아 주걱으로 내리거나 블렌더로 갈아 묽은 미음을 만든다.
5 **간하기** 먹기 직전에 냄비에 담아 따끈하게 데우고 소금으로 간한다.

이런 점이 좋아요

영양이 풍부해 원기회복에 좋아요

조는 단백질과 미네랄, 비타민이 풍부해 기운을 돋우고, 밥에 섞어 먹으면 식이섬유의 섭취가 늘어나 다이어트에도 좋아요. 식이섬유가 배변을 도와 변비를 막고, 대장암 예방에 도움이 됩니다.

인삼죽

원기를 보충하고 암을 예방하는 수삼을 넣어 끓였어요.
밤과 대추를 함께 넣어 고소하고 달착지근한 맛이 입맛을 살려요.

재료

불린 쌀 1컵	소금 조금
수삼 1뿌리	물 7컵
대추 4개	
밤 4개	

1 **재료 썰기** 수삼과 밤은 저며 썰고, 대추는 씨를 뺀 뒤 채 썬다.

2 **죽 끓이기** 두꺼운 냄비에 불린 쌀과 물을 넣어 센 불에서 끓인다.

3 **재료 넣기** 쌀이 퍼지면 수삼, 밤, 대추를 넣고 약한 불로 줄여 끓인다.

4 **간하기** 소금으로 간해 살짝 끓인다.

Tip 수삼 대신 인삼가루를 넣어도 좋아요. 인삼가루는 쌀이 절반 정도 익었을 때 넣으세요.

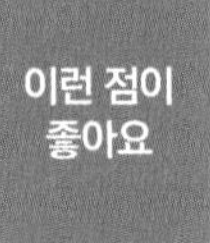

피를 맑게 하고 손발을 따뜻하게 해요

수삼은 폐와 심장을 튼튼하게 하고 신경안정 효과가 뛰어나요. 암세포의 증식을 막는 효과도 있습니다. 대추는 신경을 완화하고 스트레스해소 효과가 탁월해 현대인이 자주 먹으면 좋은 식품이에요. 혈액순환을 돕고, 소염·진통작용이 있어 관절염에도 좋아요.

마토마토죽

만능 영양식품인 우유, 마, 토마토를 함께 끓였어요.
몸에 좋은 마와 토마토가 혈관을 튼튼하게 하고 머리를 맑게 해요.

재료

불린 쌀 1컵	우유 2컵
마 200g	소금 조금
토마토 1개	물 5컵
돌나물 20g	

1 **마·토마토 썰기** 마는 껍질을 벗겨 얄팍하게 썰고, 토마토는 작게 썬다.

2 **죽 끓이기** 두꺼운 냄비에 쌀을 넣고 물을 부어 센 불에서 저어가며 끓인다.

3 **재료 넣고 간하기** 쌀이 익으면 마와 토마토, 우유를 넣고 소금으로 간해 더 끓인다.

4 **돌나물 넣기** 돌나물을 작게 뜯어 넣고 잠시 더 끓인다.

③

이런 점이 좋아요

소화를 돕고 학습능력을 길러줘요

마는 기억력을 높이는 효과가 있어요. 소화를 돕고 위를 편안하게 해 오래 앉아 공부하는 수험생에게 잘 맞아요. 오래된 마는 산삼과 견줄 정도로 원기회복에도 좋습니다. 토마토는 뇌의 능력을 향상시키고 신경전달물질을 생성하는 미네랄이 풍부해요. 토마토의 리코펜 성분은 두뇌와 신경계를 보호하는 역할을 합니다.

조기죽

노릇하게 구운 조기를 살만 발라 채소와 함께 넣고 끓였어요.
부족한 기운을 보충하고 눈을 밝게 해줍니다.

재료

불린 쌀 1컵	청주 1큰술
조기 2마리	다진 마늘 1/3작은술
양파 50g	생강즙 1작은술
미나리 30g	깨소금·참기름·소금 조금씩
붉은 고추 1/2개	물 7컵

1 **조기 굽기** 조기를 손질해 노릇하게 구운 뒤 살을 바른다.

2 **조기국물 내기** 살을 발라낸 나머지를 냄비에 담고 물과 청주를 넣어 푹 끓인 뒤 체에 거른다.

3 **죽 끓이기** 두꺼운 냄비에 불린 쌀과 ②의 조기국물을 넣어 센 불에서 끓이다가 잘게 썬 양파, 다진 마늘, 생강즙을 넣고 저어가며 끓인다.

4 **조기살 넣고 간하기** 쌀이 푹 퍼지면 조기살과 어슷하게 썬 미나리, 붉은 고추를 넣고 깨소금, 참기름, 소금으로 간해 살짝 끓인다.

Tip 생선죽은 비린 맛이 나지 않게 끓이는 것이 중요해요. 조기를 굽고 청주, 마늘, 생강을 넣으면 비린 맛을 없앨 수 있어요.

기운을 돋우고 소화를 도와요

조기는 양질의 단백질이 풍부해 원기회복에 좋아요. 소화를 돕고 배탈, 설사 증상도 개선합니다. 비타민 A와 D가 풍부해 피로해소에 좋으며 눈을 밝게 해줘요.

문어미역죽

참쌀죽에 문어와 미역을 넣어 바다의 맛과 영양을 가득 담았어요.
아미노산이 풍부해 청소년의 성장을 도와요.

재료

불린 찹쌀 1컵	**양념장**
문어 200g	간장 1큰술
불린 미역 1/2컵	다진 파 1/2큰술
참기름·소금 조금씩	다진 마늘 1/3작은술
물 7컵	깨소금·참기름 1작은술씩

1 **문어·미역 손질하기** 문어는 끓는 물에 살짝 데쳐 굵게 썰고, 미역은 물에 불려 잘게 썬다.

2 **미역 볶기** 두꺼운 냄비에 참기름을 두르고 불린 미역을 볶는다.

3 **죽 끓이다가 문어 넣기** ②에 물과 찹쌀을 넣어 끓이다가 문어를 넣고 푹 끓인다.

4 **간하기** 소금으로 간한 뒤 그릇에 담아 양념장과 함께 낸다.

Tip 문어는 보통 삶아서 다리만 잘라 팔아요. 다시 한번 살짝 데쳐서 쓰세요.

두뇌성장을 도와요

문어는 DHA와 EPA가 풍부해 기억력을 향상시켜요. 타우린은 공부에 지친 학생과 컴퓨터를 오래 사용하는 직장인의 시력을 보호합니다. 미역은 두뇌성장에 중요한 역할을 하는 칼슘과 요오드가 풍부하며, 피와 머리를 맑게 해 신경안정에도 도움이 돼요.

수삼보양죽

수삼과 황기를 넣어 끓인 쌀죽이에요. 오랜 병이나 스트레스, 노화로 허약해진 몸을 회복시키고 마음을 안정시켜요.

재료

불린 쌀 1컵
수삼 10g
소금 조금

황기물
황기 10g
물 10컵

①

1 **황기 달이기** 황기를 씻어 크게 잘라 두꺼운 냄비에 넣고 물을 부어 30분쯤 은근히 끓인 뒤 황기를 건진다.
2 **죽 끓이기** ①의 황기물에 불린 쌀을 넣고 센 불에서 저어가며 끓인다.

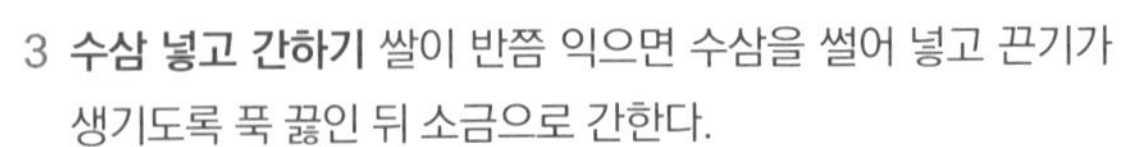

3 **수삼 넣고 간하기** 쌀이 반쯤 익으면 수삼을 썰어 넣고 끈기가 생기도록 푹 끓인 뒤 소금으로 간한다.

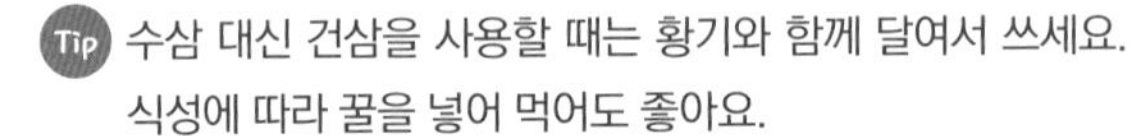

Tip 수삼 대신 건삼을 사용할 때는 황기와 함께 달여서 쓰세요. 식성에 따라 꿀을 넣어 먹어도 좋아요.

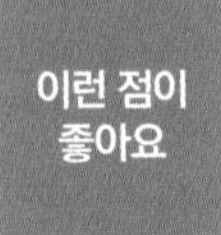

이런 점이 좋아요

떨어진 기력을 회복시켜요

수삼은 원기를 보충하고 정신을 안정시켜요. 스트레스와 피로, 고혈압, 당뇨병 등에 좋고 항암효과도 있어요. 황기는 허약한 몸을 튼튼하게 하고 떨어진 기력을 회복시켜줍니다.

황기오리죽

기운을 북돋우는 황기를 진하게 우려 찹쌀을 넣고 끓였어요.
영양만점 오리고기까지 넣어 보양식으로 그만이에요.

재료

불린 찹쌀 1컵	**황기물**
훈제오리 100g	황기 10g
소금 조금	물 10컵

1 **황기 달이기** 황기를 씻어 크게 잘라 두꺼운 냄비에 담고 물을 부어 30분쯤 끓인 뒤 황기를 건진다.

2 **찹쌀죽 끓이기** ①의 황기물에 불린 찹쌀을 넣고 바닥에 눌어붙지 않도록 저어가며 끓인다.

3 **훈제오리 넣고 간하기** ②에 훈제오리를 잘게 썰어 넣고 저어가며 끓인 뒤 소금으로 간한다.

Tip 마른 약재를 넣어 죽을 끓일 때는 약재를 진하게 우려서 그 물로 끓이세요. 황기는 오리백숙이나 닭백숙을 만들 때 넣어도 좋아요.

면역력을 높이고 혈액순환을 도와줘요

황기는 면역력을 높이고 스트레스를 해소해 평소 잔병치레가 많은 사람에게 좋아요. 오리고기는 혈액순환이 잘되게 하고, 불포화지방산이 대부분이어서 콜레스테롤 걱정이 없어요.

타락죽

곱게 간 쌀에 우유를 넣어 끓인 전통 궁중우유죽이에요.
쌀을 갈아 넣어 소화흡수가 잘되고 맛과 영양이 풍부해요.

재료

불린 쌀 1컵
우유 3컵
호두 조금
꿀·소금 조금씩
물 3컵

1 **불린 쌀 갈기** 불린 쌀과 물을 블렌더에 곱게 갈아 체에 내린다.
2 **우유 넣어 죽 끓이기** 두꺼운 냄비에 간 쌀과 우유를 넣고 약한 불에서 저어가며 멍울 없이 끓인다.
3 **간하기** 죽이 끓으면 소금으로 간하고 다시 한번 저어가며 끓인다.
4 **호두 넣기** 죽이 퍼지면 그릇에 담고 껍질 벗긴 호두를 얹어 꿀과 함께 낸다.

이런 점이 좋아요

소화가 잘되고 영양보충에 좋아요

완전식품으로 불리는 우유는 3대 필수영양소가 골고루 들어있어 영양보충에 좋아요. 조선시대 궁중에서는 우유로 만든 타락죽을 보양식으로 먹었다고 합니다. 타락죽은 소화가 잘돼 어린이나 노인에게도 부담이 없어요.

송화죽

노란 송홧가루와 우유, 수삼을 넣고 끓인 영양죽이에요.
송홧가루는 당뇨병 예방에 좋고, 기억력과 집중력을 높여줘요.

재료

불린 쌀 1컵	우유 2컵
송홧가루 1큰술	꿀·소금 조금씩
다진 수삼 1큰술	물 5컵

1 **죽 끓이기** 두꺼운 냄비에 불린 쌀을 넣고 물을 부어 센 불에서 끓인다.
2 **재료 넣기** 쌀이 익으면 불을 약하게 줄이고 송홧가루를 넣어 섞은 뒤, 다진 수삼을 넣고 저어가며 끓인다.
3 **간하기** 우유를 넣고 소금으로 간해 살짝 끓인다. 그릇에 담아 꿀과 함께 낸다.

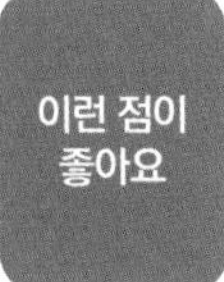

영양이 풍부하고 성인병을 예방해요

송화는 소나무의 꽃가루를 말해요. 항산화·항염작용이 있고 콜레스테롤을 줄여요. 퀘르세틴 성분은 당뇨병에, 콜린은 뇌 기능에 도움을 줍니다. 우유는 단백질과 지방, 비타민, 미네랄 등 다양한 영양소가 들어있어요. 특히 흡수율이 높은 양질의 칼슘이 풍부해요.

생맥산죽

인삼, 오미자, 맥문동을 달여 만든 생맥산으로 죽을 끓였어요.
생맥산은 여름철, 땀을 지나치게 흘리고 갈증이 멈추지 않을 때 마시는 약선 음료입니다.

재료

불린 찹쌀 1컵
꿀·소금 조금씩

오미자물
오미자 1/3컵
물 1컵

맥문동 수삼물
맥문동 50g
수삼 1뿌리
물 7컵

1 **오미자 우리기** 오미자를 씻어 미지근한 물에 3시간 정도 진하게 우린다.
2 **맥문동·수삼 달이기** 두꺼운 냄비에 맥문동과 물을 넣어 30분쯤 은근히 끓인 뒤, 수삼을 넣고 10분 정도 더 끓여 체에 거른다.

3 **죽 끓이기** 두꺼운 냄비에 불린 찹쌀을 넣고 ②의 물을 부어 센 불에서 끓인다. 죽이 끓으면 ①의 오미자물을 넣고 삶은 수삼을 잘게 썰어 넣어 잠시 더 끓인다.
4 **간하기** 소금으로 간한 뒤 그릇에 담아 꿀과 함께 낸다.

Tip 생맥산은 그대로 마시거나, 수박을 넣어 화채로 먹어요.

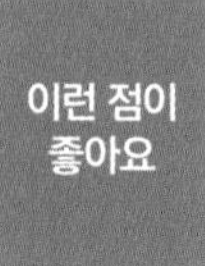

몸과 마음에 활력을 불어 넣어요

맥문동은 천연 자양강장제로 불릴 만큼 에너지 보충에 효과가 있어요. 수삼은 사포닌이 풍부해 면역력을 높이고 기운을 되찾아줍니다. 오미자는 폐와 심장을 튼튼하게 하고, 호흡기 질환을 예방해요.

총명죽

머리를 맑게 하는 총명탕을 이용한 죽이에요. 두뇌활동을 돕고 마음을 안정시키며 소화를 도와 수험생에게 특히 좋아요.

재료

불린 쌀 1컵
소금 조금

총명탕
백복신 10g
원지 3g
석창포 3g
물 7컵

1 **약재 달이기** 냄비에 백복신, 원지, 석창포, 물을 넣고 약한 불에서 20분 정도 달여 체에 거른다.
2 **죽 끓이기** 두꺼운 냄비에 불린 쌀을 넣고 ①의 물을 부어 센 불에서 저어가며 끓인다. 쌀이 반 정도 익으면 약한 불로 줄여 끓인다.
3 **간하기** 죽이 잘 퍼지면 소금으로 간한다.

Tip 백복신과 원지, 석창포는 집중력을 높이고 건망증을 개선하는 약재예요. 세 약재를 같은 양으로 섞어 달이면 총명탕이 됩니다.

기억력과 집중력을 높여줘요

백복신, 원지, 석창포를 끓여 만드는 총명탕은 한방에서 건망증에 처방하는 약이에요. 머리가 무겁고, 기억력과 집중력이 떨어지며, 스트레스가 쌓였을 때 먹으면 증상이 좋아집니다.

날씬하고 예뻐지는

다이어트 죽

서구화된 식생활과 스트레스 등 현대사회는 비만을 부르는 요인이 참 많아요. 날씬한 몸매를 위한 저칼로리 죽, 피부를 지켜주는 미용 죽 등 다이어트에 도움 되는 죽을 모았어요. 배부르게 먹으면서 아름다운 몸매와 탱탱한 피부를 가꿀 수 있습니다.

옥돔미역죽

단백질이 풍부한 옥돔과 식이섬유가 풍부한 미역을 함께 끓였어요.
소화도 잘되는 고단백 저칼로리 죽이에요.

재료

불린 쌀 1컵
옥돔 1마리
불린 미역 100g
청주 1큰술
마늘 2쪽
참기름·소금 조금씩
물 7컵

1 **옥돔 굽기** 옥돔을 앞뒤로 노릇노릇 타지 않게 구워 살만 발라낸다.
2 **옥돔국물 내기** 살을 발라낸 나머지를 냄비에 담고 물, 청주, 마늘을 넣어 약한 불에서 20분 정도 끓인다. 국물이 우러나면 체에 거른다.
3 **미역 볶기** 두꺼운 냄비에 참기름을 두르고 불린 미역을 볶는다.
4 **죽 끓이기** ③에 옥돔국물을 붓고 불린 쌀을 넣어 중간 불에서 저어가며 끓인다.
5 **옥돔 살 넣고 간하기** 쌀이 푹 퍼지면 발라둔 옥돔 살을 넣고 조금 더 끓인 뒤 소금으로 간한다.

Tip 생선으로 죽을 끓일 때는 싱싱한 생선을 고르세요. 미역 대신 다시마, 모자반, 매생이, 파래, 김 등을 넣어도 좋아요.

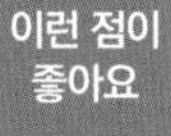
이런 점이 좋아요

칼로리가 낮고 단백질이 풍부해요

미역은 식이섬유가 풍부하고 칼로리가 낮아 다이어트에 좋아요. 신진대사를 활발하게 해 산후에 좋기로 유명하지요. 옥돔은 단백질이 많고 지방이 적어 소화가 잘되는 생선이에요. 맛이 담백하고 미역과 잘 어울려요.

가지연근죽

담백한 가지와 아삭한 연근을 한 번 구워 향을 살린 죽이에요.
된장 대신 간장으로 간을 해도 좋아요.

재료

불린 쌀 1컵
가지 1/2개
연근 20g
된장 1/2큰술
다진 파 1/2작은술
다진 마늘 1/3작은술
깨소금·참기름·소금 조금씩
식용유 적당량
물 7컵

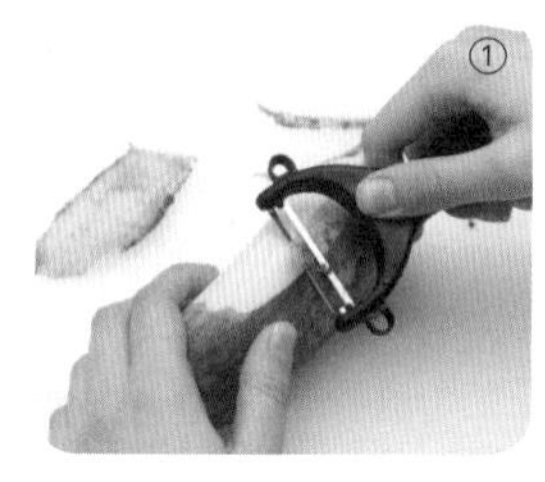

1 **가지·연근 썰기** 가지는 꼭지를 잘라내 얇게 썰고, 연근도 껍질을 벗겨 얇게 썬다.
2 **가지·연근 굽기** 팬에 식용유를 두르고 가지와 연근을 앞뒤로 굽는다.
3 **죽 끓이기** 두꺼운 냄비에 불린 쌀과 물을 넣고 끓인 뒤 구운 가지와 연근을 넣는다. 된장, 다진 파, 다진 마늘, 깨소금, 참기름을 넣어 양념한다.
4 **간하기** 죽이 푹 퍼지면 소금으로 간한다.

Tip 가지와 연근을 구우면 향이 구수해지고 색도 더 선명해져요.

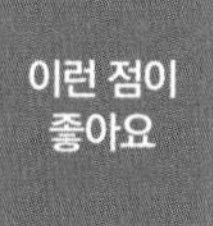

이런 점이 좋아요

수분이 많아 다이어트에 좋아요

가지는 수분이 많고 칼로리가 낮아 다이어트에 아주 좋은 식품이에요. 식이섬유가 풍부해 변비를 막는 효과도 있어요. 혈액순환도 좋게 합니다.

도토리묵죽

다시마국물에 말린 도토리묵과 갖은 채소를 넣고 끓여 쫄깃한 맛이 좋아요.
도토리묵은 소화가 잘되고 칼로리가 낮아 마음껏 먹어도 걱정이 없어요.

재료

불린 쌀 1컵
말린 도토리묵 100g
당근 10g
애호박 20g
간장 1작은술
다진 파 1/2작은술
다진 마늘 1/3작은술
깨소금·참기름·소금 조금씩

다시마국물
다시마(15×15cm) 1장
물 7컵

②

③

⑤

1 **다시마국물 내기** 다시미를 물에 불린 뒤 냄비에 담고 물을 부어 15분간 끓인다. 다시마를 건져서 채 썬다.
2 **재료 손질하기** 말린 도토리묵은 물에 불려 작게 썰고, 당근과 애호박은 가늘게 채 썬다.
3 **재료 볶기** 두꺼운 냄비에 참기름을 두른 뒤 썰어둔 묵, 당근, 애호박을 넣고 간장, 다진 파, 다진 마늘, 깨소금으로 양념해 볶는다.
4 **죽 끓이기** ③에 불린 쌀을 넣고 ①의 다시마국물을 부어 나무주걱으로 저어가며 끓인다.
5 **다시마 넣고 간하기** 쌀이 익으면 다시마를 넣고 저어가며 푹 끓인 뒤 소금으로 간한다.

Tip 말린 도토리묵은 불려서 쓰고, 생 도토리묵은 맨 마지막에 넣어 부서지지 않게 하세요.

이런 점이 좋아요

위를 튼튼하게 하고 중금속을 배출해요

도토리의 쓰고 떫은맛을 내는 타닌 성분은 위를 튼튼하게 하고 설사를 멎게 하며, 아콘산 성분은 몸속의 중금속과 유해물질을 배출해요. 소화기능을 촉진하고 입맛도 살려줍니다.

율무표고버섯죽

고소한 율무와 표고버섯을 넣고 끓인 죽이에요. 율무는 위를 튼튼하게 하며,
부기를 빼고 체지방을 줄이는 효과가 있어요.

재료

불린 율무 1컵
마른 표고버섯 5개
참기름·소금 조금씩
물 7컵

버섯 양념

간장 1/2작은술
깨소금·참기름 조금씩

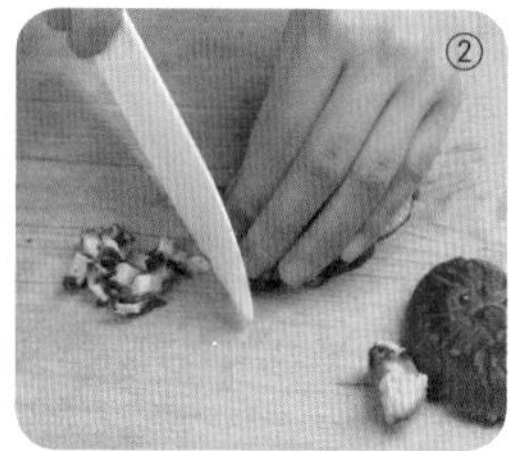

1 **율무 갈기** 율무를 물에 충분히 불린 뒤 블렌더에 물 1컵과 함께 넣어 반 정도만 간다.
2 **버섯 썰어 양념하기** 표고버섯은 물에 불려 물기를 꼭 짠 뒤, 기둥을 떼고 작게 썰어 양념한다.
3 **버섯 볶기** 두꺼운 냄비에 참기름을 두르고 양념한 버섯을 볶다가 물을 부어 끓인다.
4 **죽 끓이기** 물이 끓으면 간 율무를 넣고 약한 불에서 저어가며 끓인다.
5 **간하기** 죽이 푹 끓으면 소금으로 간한다.

Tip 표고버섯을 햇볕에 말리면 비타민 D가 풍부해지고 향도 더 진해져요.

신진대사를 돕고 부기를 빼줘요

율무는 철분, 칼륨, 나이아신, 비타민 B_1이 들어있어 신진대사를 도와요. 기미와 주근깨를 개선하고, 이뇨작용이 뛰어나 부기도 가라앉혀요. 버섯은 단백질이 풍부하면서 칼로리가 아주 낮아 다이어트에 좋아요. 콜레스테롤을 줄이는 효과도 있습니다.

매생이죽

식물성 단백질이 풍부한 매생이로 끓인 건강 죽이에요. 전복을 넣어 씹는 맛을 더했어요.
다이어트에는 물론 피부미용에 효과적이에요.

재료

불린 쌀 1컵
매생이 1/2컵
전복 1개
간장 1큰술
참기름·소금 조금씩
물 7컵

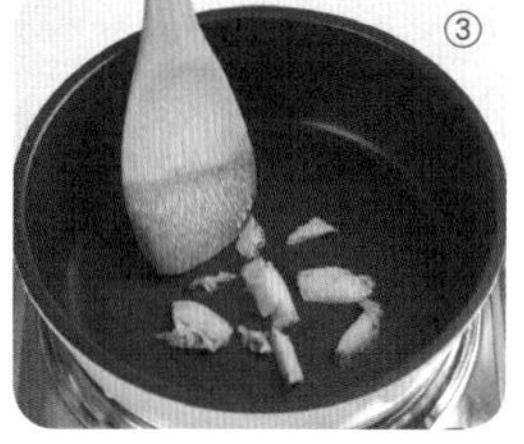

1 **전복 손질하기** 전복을 솔로 문질러 깨끗이 씻은 뒤, 숟가락으로 살을 떼어내어 저며 썬다.
2 **매생이 씻기** 매생이를 고운체에 밭쳐 흐르는 물에 씻는다.
3 **전복 볶다가 죽 끓이기** 두꺼운 냄비에 참기름을 두르고 전복과 간장을 넣어 볶다가 물을 붓고 불린 쌀을 넣어 끓인다.
4 **매생이 넣고 간하기** 쌀이 퍼지면 매생이를 넣어 섞고 소금으로 간한다.

Tip 전복 대신 굴을 볶아 넣어도 좋아요. 매생이는 조금씩 뭉쳐서 냉동실에 얼려두고 쓰세요.

이런 점이 좋아요

식이섬유가 풍부하고 피부를 가꿔줘요

매생이는 영양이 골고루 들어있는 식물성 고단백 식품으로 식이섬유가 풍부해 변비에 좋아요. 전복은 순환계를 원활하게 해 피부미용에 좋아요. 단백질과 비타민이 풍부해 산후 조리에도 도움이 됩니다.

시래기죽

삶은 시래기를 된장에 조물조물 무쳐서 멸치국물을 붓고 끓여 구수해요.
식이섬유가 풍부해 다이어트로 오기 쉬운 변비를 막아줘요.

재료

불린 쌀 1컵
삶은 시래기 1컵
참기름·소금 조금씩

시래기 양념

된장 1/2큰술
다진 파 1/2작은술
다진 마늘·참기름 조금씩

멸치국물

굵은 멸치 10마리
물 7컵

1 **멸치국물 내기** 멸치는 머리와 내장을 떼고 냄비에 볶다가 물을 붓고 15분쯤 끓여 체에 거른다.
2 **시래기 양념하기** 삶은 시래기는 껍질을 벗기고 잘게 썰어 양념에 무친다.
3 **시래기 볶기** 두꺼운 냄비에 참기름을 두르고 양념한 시래기를 볶는다.
4 **죽 끓이기** ③에 불린 쌀을 넣어 잠시 더 볶다가 멸치국물을 부어 끓인다.
5 **간하기** 쌀이 잘 퍼지면 소금으로 간한다.

Tip 시래기는 구수한 맛이 좋아요. 밥이나 죽, 나물 등으로 다양하게 즐길 수 있어요.

이런 점이 좋아요

소화효소가 풍부해요

시래기는 무청을 말린 것으로 소화효소와 식이섬유가 풍부해 소화와 배변을 도와요. 비타민 A와 C는 감기와 기침을 낫게 하며, 주근깨를 예방하고 피부를 맑게 만들어요. 항균작용이 뛰어나 식중독도 예방해줍니다.

청국장죽

멸치국물에 쌀과 김치를 넣고 청국장을 풀어 끓인 다이어트 죽이에요.
소화가 잘되고, 구수한 청국장이 입맛을 살려줘요.

재료

불린 쌀 1컵
김치 1/2컵
두부 30g
만가닥버섯 20g
달래 10g
청국장 1/2컵
간장 1/2큰술
참기름 1/2큰술
소금 조금
멸치국물 7컵

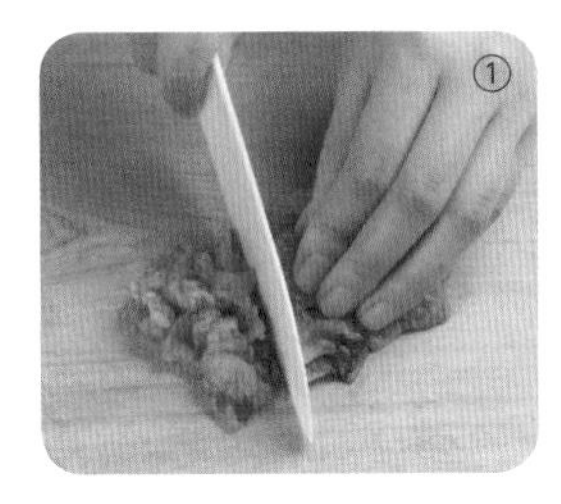

1 **재료 손질하기** 김치는 국물을 꼭 짜서 송송 썰고, 두부, 버섯, 달래는 잘게 썬다.
2 **김칫국 끓이기** 두꺼운 냄비에 참기름을 두르고 김치와 간장을 넣어 볶다가 물을 부어 끓인다.
3 **죽 끓이기** ②에 불린 쌀을 넣고 끓이다가 쌀이 익으면 두부, 버섯, 달래, 청국장을 넣고 저어가며 끓인다.
4 **간하기** 쌀이 푹 퍼지면 소금으로 간한다.

Tip 청국장은 살아있는 유산균이 들어있기 때문에 맨 마지막에 넣는 것이 좋아요.

신진대사를 촉진하고 지방을 내보내요

청국장은 소화가 잘되고 신진대사를 촉진해요. 레시틴과 사포닌이 남아도는 지방과 콜레스테롤을 내보내고, 비타민 B_2가 간과 장의 해독기능을 높입니다. 잘 익은 김치는 유산균과 각종 효소, 식이섬유, 비타민 C가 풍부해 소화와 배설을 촉진해요.

콩죽

콩을 쌀과 함께 곱게 갈아 콩국처럼 고소하고 부드러워요.
식물성 단백질이 풍부하고 칼로리는 낮은 다이어트 죽이에요.

재료

불린 쌀 1컵
불린 콩 1컵
소금 조금
물 15컵

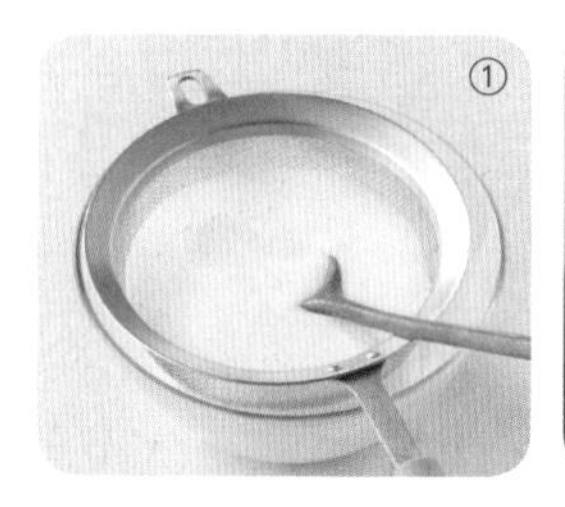

1 **콩물 만들기** 불린 콩을 비벼 껍질을 벗긴 뒤 쌀 1/2컵, 물 5컵과 함께 블렌더에 곱게 간다. 간 콩물은 체에 한 번 내린다.
2 **죽 끓이기** 두꺼운 냄비에 불린 쌀을 넣고 나머지 물을 부어 센 불에서 끓인다.
3 **콩물 넣어 끓이기** 쌀이 익으면 불을 줄이고 ①의 콩물을 넣어 저어가며 계속 끓인다.
4 **간하기** 콩죽이 되직해지면 소금으로 간한다.

Tip 콩을 곱게 갈아 끓여야 죽이 부드러워요. 콩 대신 두유를 쓰면 간편하게 끓일 수 있어요.

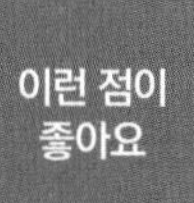

장기를 튼튼하게 하고 노화를 막아요

콩은 심장병, 동맥경화, 고혈압 걱정이 없는 양질의 지방과 단백질로 가득한 건강식품이에요. 장기를 튼튼하게 하고 몸속의 수분대사를 도와 혈액순환이 잘되게 해요. 대표적인 항암·항산화 물질로 알려진 이소플라본이 풍부해 기억력증진, 노화방지에도 효과적입니다.

보리밤죽

평소 마시는 보리차에 보리와 밤을 넣어 죽을 쑤었어요.
구수한 맛이 좋을 뿐 아니라 소화가 잘되고 혈액순환도 원활해져요.

재료

보리쌀 1컵
밤 20개
삶은 완두콩 적당량
소금 조금
보리차 7컵

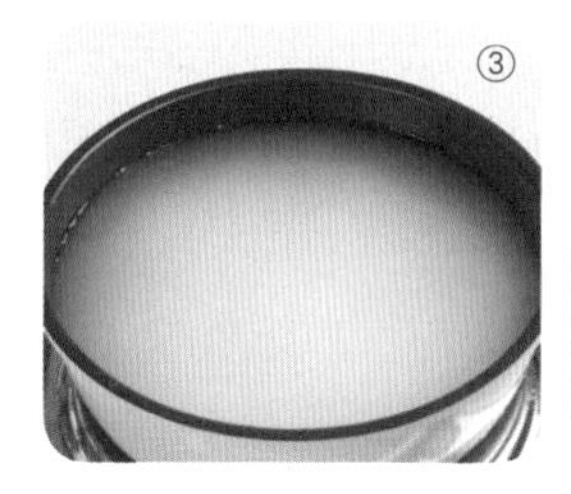

1 **보리쌀 갈기** 보리쌀을 불려서 반쯤 갈아둔다.
2 **밤 삶아 속 파기** 밤을 삶아서 반 갈라 작은 숟가락으로 속을 파낸다.
3 **죽 끓이기** 두꺼운 냄비에 간 보리쌀과 보리차를 넣어 끓인다.
4 **완두콩·밤 넣고 간하기** 익으면 삶은 완두콩과 밤을 넣고 소금으로 간해 다시 한번 끓인다.

Tip 보리차가 없으면 구수함은 덜하지만 맹물로 끓여도 돼요.

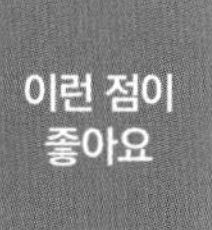

위의 기능을 향상시켜요

보리는 식이섬유가 풍부해 소화가 잘되고 변비에 좋아요. 지방축적을 억제하는 기능이 있어 비만 예방에도 탁월하지요. 밤은 5대 영양소가 골고루 들어있는 영양만점 식품이에요. 리놀레산이 혈액순환을 원활하게 하고, 비타민 A가 풍부해 눈 건강에도 도움이 됩니다.

팥죽

흰 쌀죽에 팥앙금을 넣어 끓인 전통 죽이에요. 새알심을 동동 띄워 맛을 더했어요.
팥은 사포닌이 풍부해 변비를 해소하고 피부에도 좋아요.

재료

불린 쌀 1컵
팥 2½컵
꿀·소금 조금씩
물 20컵

새알심
찹쌀가루 1컵
소금 조금
물 1/3컵

①

②

③

1 **팥 끓이기** 팥을 씻어 냄비에 넣고 물을 부어 푹 끓인다. 물이 졸아들면 더 붓고 푹 퍼지도록 삶아서 체에 걸러 앙금을 내린다.
2 **새알심 빚기** 찹쌀가루와 소금을 섞고 뜨거운 물을 조금씩 넣어가며 익반죽한 뒤, 새알심을 지름 1cm 정도로 빚는다.
3 **죽 끓이기** 두꺼운 냄비에 쌀을 넣고 물을 부어 끓인다. 물이 끓으면 팥앙금을 넣고 나무주걱으로 냄비 바닥을 긁으면서 저어가며 끓인다.
4 **새알심 넣고 간하기** ③에 새알심을 넣고 익어서 떠오르면 소금으로 간한다. 그릇에 담아 꿀과 함께 낸다.

Tip 입맛에 따라 설탕을 넣어도 괜찮아요. 삶은 팥을 으깨거나 통으로 넣고 설탕을 넣어 끓이면 단팥죽이 됩니다. 많은 양을 쑬 때는 새알심을 삶아서 넣으세요.

이런 점이 좋아요

부기를 빼고 변비를 예방해요

팥은 이뇨작용이 뛰어나 지방으로 변하기 쉬운 여분의 수분을 배출해요. 식이섬유와 사포닌이 장 기능을 도와 변비를 해소하지요. 칼륨이 풍부해 염분으로 인한 부기도 해결해주는 건강식품입니다.

녹두죽

녹두를 삶아서 체에 걸러 넣어 부드럽고 고소해요.
녹두에 피부 진정 효과가 있어 다이어트로 인한 피부 트러블을 막을 수 있어요.

재료

불린 쌀 1컵
녹두 1컵
소금 조금
물 10컵

1 **녹두 삶아 거르기** 녹두를 씻어 냄비에 담고 물을 부어 삶는다. 녹두가 푹 익으면 체에 거른다.
2 **죽 끓이기** 두꺼운 냄비에 쌀을 넣고 물을 부어 끓인다.
3 **녹두 넣기** 쌀이 익으면 체에 거른 녹두를 넣고 저어가며 끓인다.
4 **간하기** 죽이 잘 퍼지면 소금으로 간한다.

Tip 껍질이 그대로 있는 통 녹두를 쓰면 색이 더 고와요.

피부의 염증을 가라앉혀요

녹두는 피부를 건강하게 하는 식품으로 유명해요. 팩은 물론 요리에 넣어도 효능을 기대할 수 있지요. 소염작용이 탁월해 여드름과 염증을 완화하며, 체력을 보충하고 면역력도 강화합니다.

홍합죽

새콤한 산사자를 우려 홍합과 찹쌀을 넣고 끓였어요.
윤기 흐르는 찹쌀과 고단백 저칼로리 홍합이 피부를 매끄럽게 만들어요.

재료

불린 찹쌀 1컵
홍합 20개
숙주 1컵
깻잎 2장
소금 조금

산사자물
산사자 1/2컵
물 7컵

①

②

1 **산사자물 끓이기** 산사자를 씻어 냄비에 담고 물을 부어 약한 불에서 20분간 끓인 뒤 체에 거른다.
2 **홍합 삶기** 홍합을 소금물에 씻어 산사자물을 붓고 끓인다. 물이 끓으면 홍합을 건져 살만 발라둔다.
3 **죽 끓이다가 숙주·홍합살 넣기** ②의 홍합국물에 불린 찹쌀을 넣어 끓이다가, 익으면 숙주와 홍합살을 넣어 끓인다.
4 **깻잎 넣고 간하기** 죽이 푹 퍼지면 깻잎을 썰어 넣고 소금으로 간해 잠시 끓인다.

Tip 산사자는 산사나무의 열매예요. 새콤한 맛을 살려 차로 마셔도 좋고, 해산물 요리에 넣으면 비린 맛을 없애줘요.

이런 점이 좋아요

나트륨을 배출하고 노화를 막아줘요

홍합은 칼륨이 풍부해 몸속에 쌓인 나트륨을 배출해요. 항산화물질이 들어있어 노화를 촉진하는 활성산소도 없애줘요. 산사자는 심장을 튼튼하게 하고 중성지방을 줄여 심장질환에 주로 쓰는 약재예요. 여성호르몬을 보충하는 효과도 있어 갱년기 여성에게 좋습니다.

우렁이냉이죽

쫄깃한 우렁이와 향긋한 냉이를 넣고 고추장으로 맛을 낸 죽이에요.
봄 향이 가득하고 매콤해서 입맛 없을 때 좋아요.

재료

불린 쌀 1컵
우렁이 1컵
냉이 100g
고추장 1½큰술
물 7컵

①

②

④

1 **우렁이 씻기** 우렁이를 식초 탄 물에 씻어 건져둔다.
2 **냉이 손질하기** 냉이를 물에 흔들어 씻어 3~4cm 길이로 썬다.
3 **죽 끓이기** 두꺼운 냄비에 불린 쌀과 물을 넣어 센 불에서 끓인다.
4 **고추장 풀고 우렁이 넣기** 쌀이 절반 정도 퍼지면 약한 불로 줄인 뒤 고추장을 풀고 우렁이를 넣어 끓인다.
5 **냉이 넣기** 쌀이 푹 퍼지면 냉이를 넣고 조금 더 끓인다.

Tip 우렁이 대신 다슬기나 재첩, 조개를 넣어도 맛있어요.

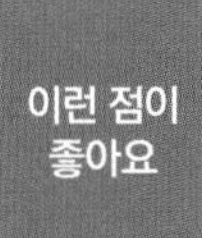

콜라겐 형성을 돕고 장의 독소를 없애요

우렁이는 주름개선 효과가 있는 콜라겐의 형성을 촉진하고, 이뇨작용이 있어 부기를 빼줘요. 냉이는 장 속의 대장균과 독소를 없애 변비해소에 도움이 됩니다. 지혈작용이 뛰어나서 생리혈의 양이 많은 여성이나 산모에게도 좋아요.

검은콩호두죽

검은콩과 호두를 곱게 갈아서 쌀과 함께 끓여 고소해요.
안토시아닌이 풍부해 다이어트로 인한 피부노화와 탈모를 막을 수 있어요.

재료

불린 쌀 1컵
검은콩 1/2컵
호두 1/2컵
소금 조금
물 10컵

①

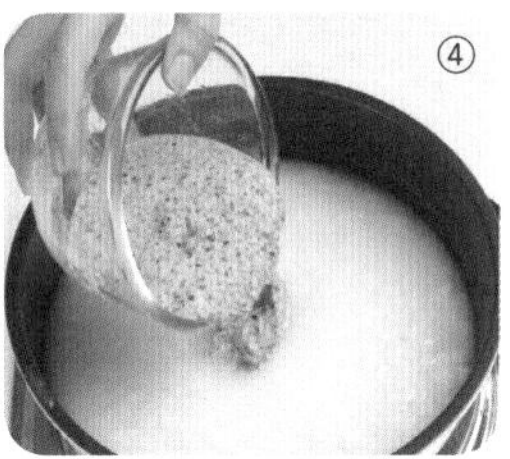
④

1 **검은콩·호두 손질하기** 검은콩은 씻어 2시간 정도 물에 불리고, 호두는 팬에 살짝 굽는다.
2 **검은콩·호두 갈기** 불린 검은콩과 구운 호두를 블렌더에 곱게 간다.
3 **죽 끓이기** 두꺼운 냄비에 쌀을 넣고 물을 부어 끓인다.
4 **검은콩·호두 넣기** 쌀이 익으면 간 검은콩과 호두를 넣고 저어가며 끓인다.
5 **간하기** 죽이 잘 퍼지면 소금으로 간한다.

Tip 호두의 속껍질은 떫은맛이 나기 때문에 물에 불려 속껍질을 벗기고 쓰는 게 좋아요. 굽거나 튀겨도 떫은맛을 없앨 수 있어요. 검은콩 대신 검은콩두유를 넣으면 편해요.

이런 점이 좋아요

탈모를 막고 노폐물을 배출해요

검은콩은 항산화효과가 뛰어난 안토시아닌이 듬뿍 들어있어 피부노화를 막고 탈모 예방에 효과적이에요. 호두는 몸에 쌓인 노폐물을 배출하고, 우수한 불포화지방산이 혈관을 깨끗하게 하며, 미네랄과 비타민 B_1이 피부를 가꿔줘요.

연근죽

연잎차에 연근과 쌀을 넣고 죽을 쑤었어요. 연근은 비타민 C와 철분이 풍부해 혈액순환을 돕고 피부를 촉촉하게 해요.

재료

불린 쌀 1컵	**연잎차**
연근 100g	말린 연잎(잘게 썬 것) 1/2컵
소금 조금	물 1/2컵
물 7컵	

1 **연잎차 끓이기** 연잎에 물을 붓고 끓여 진한 연잎차를 만든다.

2 **연근 손질하기** 연근은 껍질을 벗겨 얇게 썬다.

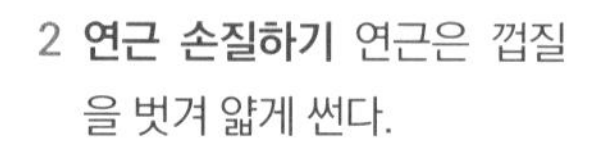

3 **죽 끓이기** 두꺼운 냄비에 불린 쌀과 연근을 넣고 물을 부어 센 불에서 끓인다.

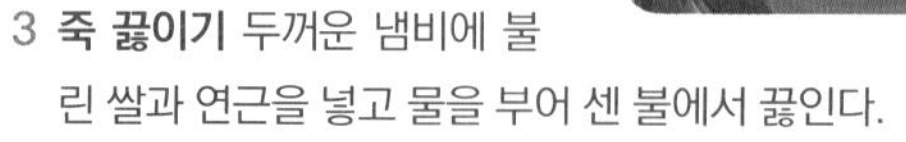

4 **연잎차 넣고 간하기** 쌀이 퍼지면 불을 줄이고 연잎차와 소금을 넣어 살짝 끓인다.

Tip 연은 뿌리인 연근부터 연잎, 연꽃, 열매인 연밥까지 모두 먹을 수 있어요.

피부를 맑게 하고 변비를 개선해요

연근은 비타민과 식이섬유가 풍부해 변비해소, 다이어트에 좋아요. 특히 비타민 C와 타닌 성분이 피부를 맑게 하고, 혈액순환을 좋게 해 피부의 신진대사가 잘돼요. 연잎은 생선이나 고기 요리에 넣으면 냄새가 없어져요.

둥굴레죽

둥굴레차에 콩과 곤약을 넣고 끓여 구수하고 영양이 가득해요.
칼로리가 낮고 식이섬유가 풍부해 다이어트식으로 그만입니다.

재료

불린 쌀 1컵
검은콩 1/2컵
곤약 100g
토마토 1개
소금 조금

둥굴레차
둥굴레 20g
물 8컵

1 **재료 손질하기** 검은콩은 물에 불려서 블렌더에 갈아 고운체에 내린다. 곤약은 채 썰어 끓는 물에 살짝 데치고, 토마토는 작게 썬다.
2 **둥굴레 끓이기** 냄비에 둥굴레와 물을 넣고 약한 불에서 15분 정도 끓여 체에 거른다.
3 **죽 끓이기** 두꺼운 냄비에 불린 쌀과 검은콩물, 둥굴레차를 넣어 센 불에서 저어가며 끓인다.
4 **곤약·토마토 넣고 간하기** 쌀이 퍼지면 곤약과 토마토를 넣고 소금으로 간해 살짝 끓인다.

Tip 검은콩을 곱게 갈아 넣는 대신 시판하는 검은콩두유를 넣어도 돼요.

이런 점이 좋아요

피부를 아름답게 가꿔줘요

둥굴레는 혈액순환을 돕고 변비개선 효과가 탁월해 다이어트에 좋아요. 기미와 주근깨를 없애고 피부를 매끄럽게 해 피부를 아름답게 가꿔주는 묘약으로 알려져 있어요.

복령두부죽

부기를 빼고 피부를 윤기 나게 하는 건강 죽이에요.
연두부와 달걀흰자를 넣고 복령두부찜을 해 먹어도 좋아요.

재료

불린 쌀 1컵
복령가루 1큰술
두부 100g
돌나물 20g
새우젓 1/2작은술
간장 1작은술
참기름 1작은술
물 7컵

1 **쌀 볶다가 끓이기** 두꺼운 냄비에 참기름을 두르고 불린 쌀을 볶다가 물을 부어 센 불에서 끓인다.
2 **두부·복령가루 넣기** ①에 작게 썬 두부와 복령가루를 넣고 저어가며 푹 끓인다.
3 **돌나물 넣고 간하기** 죽이 잘 퍼지면 돌나물, 새우젓, 간장을 넣어 살짝 끓인다.

Tip 복령은 소나무 뿌리에 붙어 자라는 균사체의 일종으로 맛이 담백해요. 약재지만 떡, 밥, 음료 등 어느 음식에 넣어도 맛을 해치지 않습니다.

이런 점이 좋아요

피부가 깨끗해지고 몸매도 날씬해져요

두부는 살이 찌지 않는 치즈라고 할 만큼 고단백 식품이에요. 사포닌이 지방의 흡수를 막고 분해를 촉진하며, 필수아미노산이 요요현상을 막아 다이어트에 좋아요. 복령은 몸의 부기를 빼고, 심신을 안정시켜 스트레스를 풀어줘요. 주근깨를 없애는 등 피부에도 좋습니다.

죽순죽

식이섬유와 비타민이 풍부한 죽순을 넣어 죽을 쑤었어요.
치자를 넣어 색이 곱고, 아작아작 씹히는 맛이 좋아요.

재료

불린 쌀 1컵
죽순 200g
다진 쇠고기 50g
당근 20g
참기름·소금 조금씩
물 6½컵

양념장
간장 1큰술
다진 파 1/2큰술
다진 마늘 1/3작은술
깨소금·참기름 1작은술씩

치자물
치자 1개
물 1/2컵

1 **치자 우리기** 치자를 부수어 미지근한 물에 우린 뒤 체에 거른다.
2 **재료 준비하기** 죽순은 작게 썰어 데친다. 당근은 채 썰고, 돌나물은 뜯어놓는다.
3 **쇠고기·죽순 볶기** 두꺼운 냄비에 참기름을 두르고 다진 쇠고기와 죽순, 양념장을 넣어 볶다가 물을 부어 끓인다.
4 **죽 끓이다가 치자물·당근 넣고 간하기** ③에 쌀을 넣어 끓이다가 익으면 치자물과 당근을 넣는다. 소금으로 간한다.

이런 점이 좋아요

다이어트를 돕고 기미를 없애요

죽순은 식이섬유가 풍부해 위의 활동을 돕고 비만을 막아요. 풍부한 칼륨이 염분을 배출해 고혈압을 예방하는 효과도 있어요. 치자는 면역력을 높여 감기를 막고 불면증을 낫게 해요. 기미를 없애는 데도 효과적입니다.

불편한 증상을 완화하는

약죽

죽은 부담이 없으면서 충분한 영양을 섭취할 수 있어 몸이 아플 때 먹기 좋아요. 소화를 돕고 기침을 가라앉히는 등 불편한 증상을 완화하고 성인병 등 각종 질환을 예방하는 죽을 소개합니다. 상황에 맞춰 준비하면 가족의 건강을 지킬 수 있어요.

4

양배추죽

새콤한 맛이 나는 산사자 달인 물에 양배추와 쌀을 넣어 끓였어요.
위가 약한 사람도 부담 없이 즐길 수 있는 죽이에요.

재료

불린 쌀 1컵
양배추 1/3통(300g)
양파 10g
당근 10g
깻잎 2장
마늘 1쪽
새우가루 1/2큰술
간장·참기름 1/2큰술씩

산사자물
산사자 1/3컵
물 7컵

①

③

⑤

1 **산사자 달이기** 산사자를 씻어 물을 붓고 중간 불에서 20분쯤 끓인 뒤 체에 내린다.
2 **채소 손질하기** 양배추, 양파, 당근은 잘게 썰고, 깻잎은 채 썬다. 마늘은 저민다.
3 **재료 볶기** 두꺼운 냄비에 참기름을 두르고 양배추, 양파, 당근, 마늘, 간장, 새우가루를 넣어 볶는다.
4 **죽 끓이기** ③에 불린 쌀을 넣고 산사자 우린 물을 부어 저어가며 끓인다.
5 **깻잎 넣고 간하기** 쌀이 퍼지면 불을 줄이고 채 썬 깻잎과 소금을 넣어 살짝 끓인다.

Tip 양배추 특유의 냄새를 없애고 싶으면 식초를 살짝 뿌려두세요.

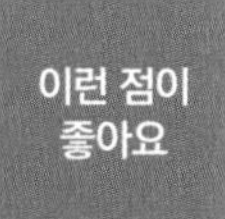

소화를 돕고 위궤양을 치료해요

양배추는 소화를 돕고 속이 더부룩한 증상을 완화해요. 칼슘이 풍부한 알칼리성 식품으로 위궤양을 치료, 예방하는 효과가 큽니다. 산사자는 위의 활동을 도와 소화가 잘되게 하고 혈액순환을 도와줘요.

매실죽

새콤한 맛이 진한 매실절임은 입맛을 돋우고 소화를 도와줘요.
피로를 풀어주고 혈액순환이 잘되게 해 피부에도 좋아요.

재료

불린 쌀 1컵
매실절임 4개
매실청 2큰술
배 1/3개
소금 조금
물 7컵

1 **매실·배 썰기** 매실절임은 잘게 썰고, 배는 채 썬다.
2 **죽 끓이기** 냄비에 불린 쌀을 넣고 물을 부어 끓인다.
3 **매실·배 넣기** 쌀알이 퍼지면 매실절임과 배를 넣어 끓인다.
4 **간하기** 죽이 잘 퍼지면 매실청과 소금을 넣어 맛을 낸다.

Tip 쌀이 익은 다음에 매실절임을 넣어야 새콤한 매실 맛이 잘 살아요. 매실절임은 매실과 설탕을 같은 양으로 섞어 절이면 돼요. 밀폐용기에 담아 3개월 정도 두면 맛이 들어요.

이런 점이 좋아요

소화를 돕고 식중독을 예방해요

매실은 신맛을 내는 구연산이 위산분비를 촉진해 소화를 돕고 입맛을 돋워요. 장운동을 활발하게 해 변비를 해소하고, 풍부한 유기산이 혈액순환을 도와 피부에도 좋습니다. 항균작용이 뛰어나 식중독 예방과 설사 치료에도 효과가 있어요.

산수유토란죽

식이섬유가 풍부한 산수유와 토란을 넣고 끓인 담백한 죽이에요.
변비로 고생할 때 먹으면 효과를 볼 수 있어요.

재료

불린 쌀 1컵
산수유 1/3컵
토란 5개
무 100g
소금 조금
물 7컵

양념장

간장 1큰술
다진 파 1작은술
다진 마늘 1/3작은술
깨소금·참기름 조금씩

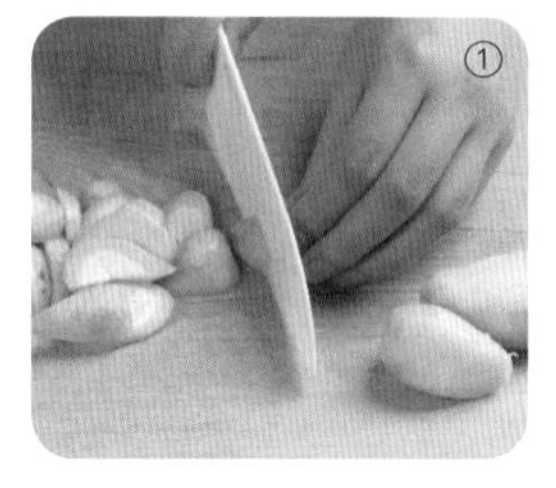

1 **토란·무 준비하기** 토란은 껍질을 벗겨 삶아서 작게 썰고, 무는 잘게 썬다.
2 **죽 끓이기** 두꺼운 냄비에 불린 쌀을 넣고 물을 부어 센 불에서 끓인다.
3 **재료 넣기** 쌀이 익으면 토란, 무, 산수유를 넣고 저어가며 푹 익힌다.
4 **간하기** 소금으로 간한 뒤 그릇에 담아 양념장과 함께 낸다.

Tip 토란은 추석 무렵에 나오는 계절식품이에요. 제철에 삶아서 냉동실에 얼려두고 꺼내 먹으면 좋아요.

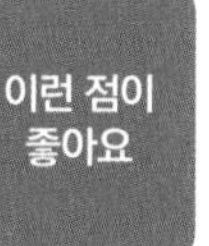

몸이 가벼워지고 변비에 좋아요

산수유는 먹으면 몸이 가벼워지고 무기력증이 회복된다는 약재입니다. 토란은 점액질 성분인 뮤신이 위와 장을 보호해 위가 약하거나 영양불량, 습관성 변비가 있는 사람에게 좋아요.

자두죽

오미자를 우린 물에 새콤달콤한 말린 자두를 넣어 끓인 상큼한 죽.
소화가 잘되고 변비 해소에도 효과가 좋아요.

재료

불린 쌀 1컵
말린 자두(프룬) 1/2컵
사과 1/2개
꿀·소금 조금씩
물 6컵

오미자물
오미자 1큰술
물 1컵

①

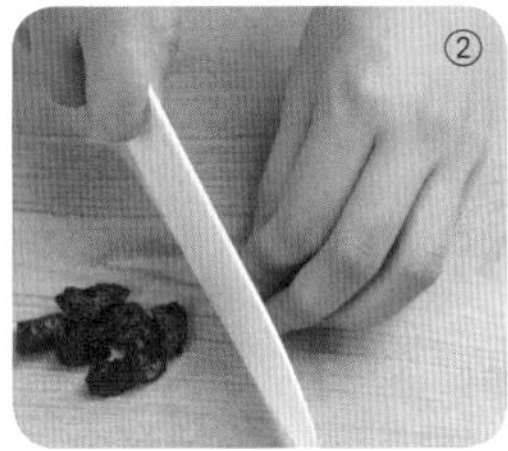
②

1 **오미자 달이기** 오미자를 물 1컵에 1시간 정도 불린 뒤, 냄비에 담아 후루룩 끓여 체에 거른다.
2 **재료 썰기** 말린 자두는 작게 썰고, 사과는 깍둑썰기 한다.
3 **죽 끓이기** 두꺼운 냄비에 불린 쌀을 넣고 물 6컵을 부어 센 불에서 끓인다.
4 **재료 넣기** 쌀알이 반 정도 퍼지면 불을 약하게 줄이고 말린 자두를 넣어 끓이다가, 사과와 오미자물을 붓고 저어가며 살짝 끓인다.
5 **간하기** 쌀이 푹 퍼지면 소금으로 간한 뒤 그릇에 담아 꿀과 함께 낸다.

Tip 말린 자두는 그대로 먹어도 변비에 아주 좋아요. 오미자는 오래 끓이면 한약 냄새가 나니 주의하세요.

이런 점이 좋아요

변비를 해소하고 마음을 안정시켜요

자두는 카로티노이드와 안토시아닌이 풍부해 항산화효과가 뛰어나요. 말린 자두는 특히 변비해소 효과가 탁월하지요. 오미자는 폐와 심장, 신장에 좋아요. 장을 튼튼하게 하고 마음을 안정시켜 피로해소에도 효과적입니다.

찹쌀대추미음

대추를 듬뿍 넣고 오랫동안 끓인 찹쌀미음.
찹쌀의 녹말 성분이 설사를 멎게 하고, 대추가 몸을 따뜻하게 해요.

재료

불린 찹쌀 1컵
대추 10개
꿀·소금 조금씩
물 12컵

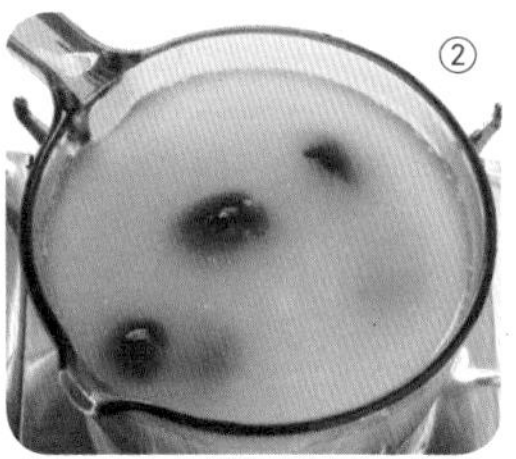

1 **대추 손질하기** 대추를 깨끗이 씻어 건져 씨를 뺀다.
2 **미음 끓이기** 대추와 불린 찹쌀을 냄비에 넣고 물을 부어 쌀이 쉽게 으깨질 정도로 1시간 정도 푹 끓인다. 쌀이 푹 퍼지면 나무주걱으로 눌러가며 으깬다.
3 **간하기** 소금과 꿀을 넣어 맛을 낸다.

Tip 찹쌀은 멥쌀보다 끈기가 좋아 죽을 끓이면 맛이 진해요.

이런 점이 좋아요

설사를 멎게 하고 소화기관을 튼튼하게 해요

찹쌀은 비타민 B군이 풍부하고 소화가 잘 되며, 녹말의 주성분인 아밀로펙틴이 설사를 멎게 해요. 대추는 몸을 따뜻하게 하고 심장과 위를 튼튼하게 하며 마음을 안정시켜요. 꿀은 장을 편안하게 하고 기운을 보충해줍니다.

요구르트미음

부드럽고 새콤한 요구르트에 고소한 미숫가루를 섞어 만들어요.
유산균과 미네랄이 풍부해 위를 튼튼하게 해요.

재료

요구르트 1컵
미숫가루 4큰술
석류 적당량
꿀 조금
물 2컵

1 **미숫가루 풀기** 두꺼운 냄비에 미숫가루를 넣고 물을 조금씩 부어가며 덩어리지지 않게 푼다.

2 **미숫가루 끓이기** 약한 불에 올려 저어가며 부드럽게 끓인다.

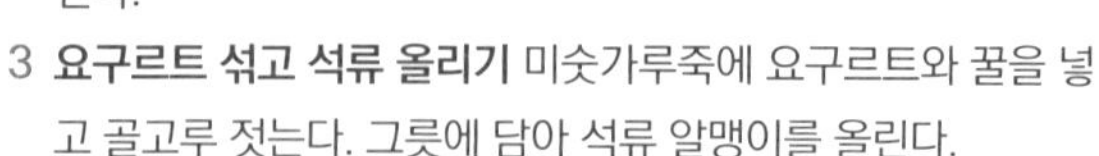

3 **요구르트 섞고 석류 올리기** 미숫가루죽에 요구르트와 꿀을 넣고 골고루 젓는다. 그릇에 담아 석류 알맹이를 올린다.

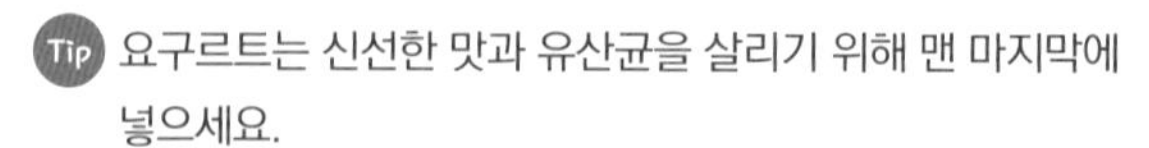

Tip 요구르트는 신선한 맛과 유산균을 살리기 위해 맨 마지막에 넣으세요.

이런 점이 좋아요

소화를 돕고 위를 튼튼하게 해요

요구르트는 풍부한 유산균이 위의 활동을 촉진해 소화를 도와요. 유익균은 활성화시키고 유해균은 억제해 위염과 위궤양을 치료하고 위벽을 튼튼하게 만들어줍니다.

감초통밀미음

밀가루와 쌀가루를 볶아 감초 우린 물에 끓인 부드러운 미음이에요.
소화가 잘되고 흡수율도 높아요.

재료

쌀가루 1/3컵	**감초물**
통밀가루 1/3컵	감초 10g
참기름·소금 조금씩	물 10컵

1 **감초 달이기** 감초를 씻어 냄비에 담고 물을 부어 10분 정도 끓인 뒤 체에 거른다.

2 **쌀가루·밀가루 볶기** 두꺼운 냄비에 참기름을 두르고 쌀가루와 통밀가루를 볶는다.

②

3 **미음 끓이기** ②에 감초 우린 물을 붓고 멍울이 생기지 않도록 저어가며 끓인다.

4 **간하기** 미음이 퍼지면 소금으로 간한다. 한 김 나가면 그릇에 담는다.

Tip 가루 재료는 한 번 볶아서 끓이면 더 고소하고 잘 풀어져요.

이런 점이 좋아요

장 기능을 좋게 하고 에너지를 공급해요

감초는 위산의 분비를 억제하고 위를 보호하는 작용이 있어요. 장 기능을 원활하게 하고 독소도 없애줍니다. 통밀은 식이섬유, 칼륨 등이 풍부하고, 쌀은 소화기관을 튼튼하게 해요. 영양이 풍부하고 소화흡수율이 높아 에너지 공급에도 효과적이에요.

누룽지배죽

누룽지에 배를 넣고 푹 끓여 구수하면서 달콤한 별미 죽이 되었어요.
배는 호흡기에 좋은 성분이 풍부해 기침을 가라앉혀요.

재료

누룽지 200g
물 6컵
배 1개
소금 조금

1 **배 썰기** 배는 껍질을 벗겨 채 썬다.
2 **누룽지 끓이기** 두꺼운 냄비에 누룽지를 담고 물을 부어 팔팔 끓인다.
3 **죽 끓이기** 누룽지가 끓으면 채 썬 배를 넣고 소금으로 간해 살짝 끓인다.

Tip 누룽지는 코팅된 팬이나 냄비에 밥을 1cm 두께로 납작하게 펴고 뚜껑을 덮어 약한 불에서 15분쯤 은근하게 구워서 만들어요.

이런 점이 좋아요

변비와 숙취해소에 좋아요

배는 호흡기에 좋은 루테올린과 폴리코사놀이 들어있어 기침과 가래를 가라앉히는 등 호흡기질환에 효과가 있어요. 감기를 예방하며, 수분이 풍부해 변비에 좋고 숙취도 풀어줍니다. 발암물질을 몸 밖으로 배출해 암을 예방하는 효과도 뛰어나요.

귤현미죽

식이섬유가 풍부한 현미에 향긋한 귤과 귤껍질, 깻잎을 넣고 끓인 죽이에요.
감기 기운이 있을 때 먹으면 좋아요.

재료

불린 현미 1컵
귤 1개
깻잎 1장
흑설탕 1/2큰술
물 7컵

③

1 **귤 손질하기** 귤을 깨끗이 씻어 껍질을 벗기고 알맹이를 발라둔다. 껍질은 흰 부분을 떼어내고 곱게 다진다.
2 **죽 끓이기** 두꺼운 냄비에 불린 현미를 넣고 물을 부어 센 불에서 푹 끓인다.
3 **재료 넣기** 현미가 퍼지면 귤 알맹이와 껍질, 채 썬 깻잎, 흑설탕을 넣고 살짝 끓인다.

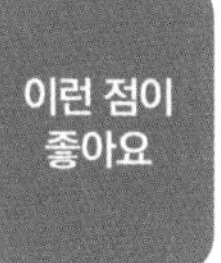

감기를 낫게 하고 위를 튼튼하게 해요

귤껍질은 비타민 C가 풍부해 감기에 좋고, 소화도 잘되게 해요. 현미는 위를 튼튼하게 하고, 식이섬유가 풍부합니다. 단백질, 미네랄 등의 영양소도 쌀보다 2배 많아요.

국화죽

두통 완화에 탁월한 국화차에 찹쌀을 넣어 끓였어요.
소화가 잘되고, 향긋한 향 덕분에 마음도 안정돼요.

재료

불린 찹쌀 1컵
대추 2개
잣 조금
물 6컵

국화차
말린 국화 3g
물 1컵

1 **국화차 우리기** 말린 국화를 뜨거운 물에 5분 정도 우린다.

2 **죽 끓이기** 두꺼운 냄비에 불린 찹쌀을 넣고 물을 부어 센 불에서 끓인다.

3 **국화차·대추 넣기** 쌀이 퍼지면 국화차와 대추채를 넣고 후루룩 끓인다. 그릇에 담아 잣을 띄운다.

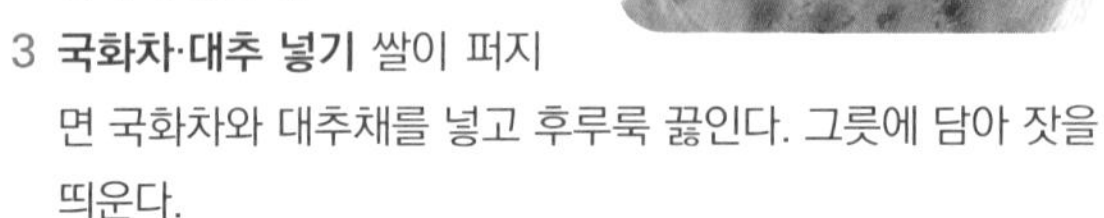

Tip 말린 국화가 없으면 캐모마일이나 국화차 티백을 써보세요.

이런 점이 좋아요

머리와 눈을 맑게 해요

국화는 비타민 A와 B_1, 콜린 등이 풍부해 머리와 눈을 맑게 해줘요. 해독작용이 뛰어나 피를 맑게 하는 효능도 있어요. 찹쌀은 비타민 B군이 풍부하고 소화가 잘돼요. 기초체력을 높여 잔병치레가 없도록 도와줍니다.

결명자게살죽

흔히 차로 마시는 결명자로 죽을 쑤었어요.
결명자는 머리를 맑게 해 두통을 완화하는 효과가 있어요.

재료

불린 쌀 1컵
꽃게 1마리
참나물 50g
다진 파 1큰술
소금 조금
물 4컵

꽃게 양념
대파 1/2대
마늘 2쪽
된장·청주 1큰술씩

결명자차
결명자 1/2컵
물 3컵

1 **결명자차 끓이기** 결명자를 살짝 볶아 물을 붓고 10분 정도 끓여 체에 거른다.
2 **꽃게 국물 내기** 꽃게를 씻어 냄비에 담고 물 4컵과 양념을 넣어 푹 끓인다. 꽃게는 살을 발라놓고 국물은 체에 거른다.
3 **죽 끓이기** 두꺼운 냄비에 불린 쌀을 담고 꽃게국물과 결명자차를 부어 센 불에서 끓인다.
4 **게살·참나물 넣고 간하기** 쌀이 푹 퍼지면 발라 놓은 게살과 잘게 썬 참나물, 다진 파, 소금을 넣고 살짝 끓인다.

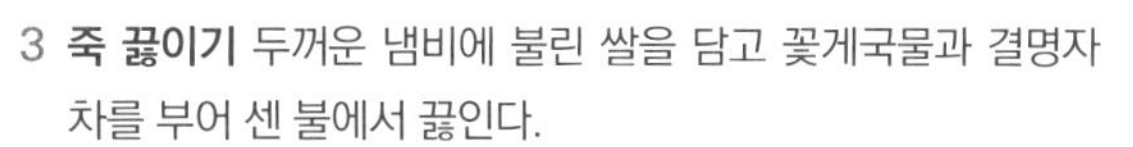

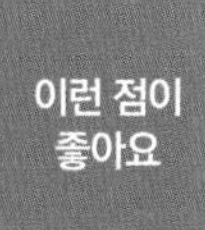

눈의 피로를 풀고 두뇌활동을 도와요

결명자는 만성 두통과 고혈압을 개선하고 정신을 맑게 하며 소화를 도와요. 꽃게는 머리에 특히 좋은 고단백, 저지방 식품이에요. 철분과 칼슘이 풍부해 뼈를 튼튼하게 하고, 풍부한 타우린이 두뇌활동과 기억력을 높여줍니다.

콩나물죽

멸치국물에 콩나물과 오징어를 넣고 콩나물국밥처럼 시원하게 끓였어요.
술 마신 다음 날 먹으면 효과를 볼 수 있어요.

재료

불린 쌀 1컵
콩나물 200g
오징어 1/4마리
새우젓 1/2작은술
다진 파 1큰술
다진 마늘 1/2작은술
멸치국물 7컵

양념장

간장 1큰술
다진 파 1/2큰술
다진 마늘 1/3작은술
고춧가루 1/2작은술
깨소금·참기름 1작은술씩

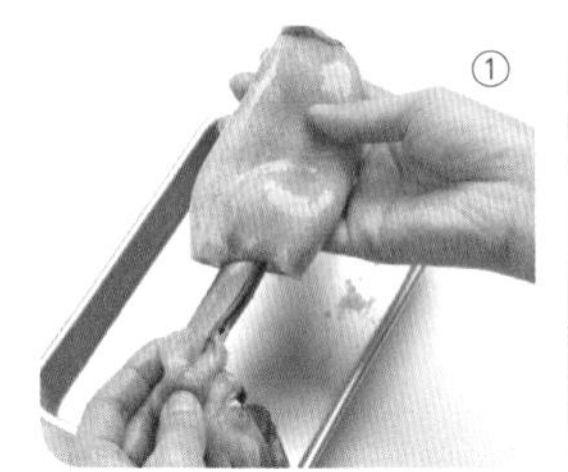
①

②

1 **오징어 손질하기** 오징어는 내장을 빼고 씻어 가늘게 채 썬다.
2 **죽 끓이기** 두꺼운 냄비에 콩나물을 넣고 불린 쌀과 오징어, 멸치국물을 넣어 끓인다.
3 **간하기** 쌀이 익으면 새우젓, 다진 파, 다진 마늘을 넣어 끓인다.
4 **그릇에 담기** 죽이 푹 퍼지면 그릇에 담아 양념장과 함께 낸다.

Tip 콩나물국밥처럼 만들되 쌀이 좀 더 푹 퍼지게 끓이면 돼요.

이런 점이 좋아요

숙취를 풀고 감기를 예방해요

콩나물의 아스파라긴산은 숙취해소에 탁월해요. 비타민 C가 풍부해 감기 예방과 피부미용에도 도움이 되지요. 노폐물을 없애는 데 효과적인 식이섬유가 듬뿍 들어있어 변비를 개선하고, 비타민 B_2가 지방대사를 촉진해 다이어트에도 좋아요.

미나리죽

미나리를 듬뿍 넣어 특유의 향이 입맛을 돋우는 죽이에요.
미나리는 몸속의 독소를 빼고, 간을 보호하는 효능이 있어요.

재료

불린 쌀 1컵
미나리 100g
파프리카 1/2개
다진 쇠고기 50g
소금·김가루 조금씩
물 7컵

쇠고기 양념
간장 1/2큰술
다진 파 1작은술
다진 마늘 1/3작은술
참기름 1작은술

①

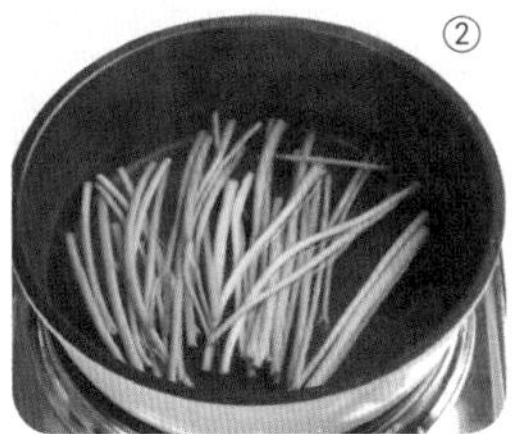

②

1 **쇠고기 양념하기** 다진 쇠고기를 양념에 조물조물 무친다.
2 **미나리·파프리카 준비하기** 미나리는 끓는 물에 데쳐 짧게 썰고, 파프리카는 채 썬다.
3 **쇠고기 볶기** 두꺼운 냄비에 참기름을 두르고 양념한 쇠고기를 볶다가 물을 부어 끓인다.
4 **죽 끓이다가 미나리·파프리카 넣기** ③이 끓으면 불린 쌀을 넣어 끓이다가 쌀이 익으면 미나리와 파프리카를 넣는다.
5 **간하기** 소금으로 간한 뒤 그릇에 담아 김가루를 뿌린다.

Tip 미나리는 잎을 다 떼고 줄기만 쓰세요.

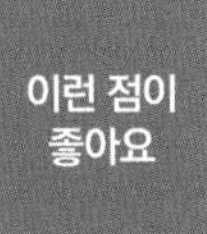

몸의 독소를 빼고 노화를 늦춰요

미나리는 특유의 향이 입맛을 돋우는 채소예요. 알코올 분해 과정에서 생기는 아세트알데히드를 배출해 숙취를 풀어주고 간을 보호해요. 식이섬유가 풍부해 변비를 해소하고, 몸속의 독소를 없애 피를 맑게 하며, 세포의 노화와 암을 억제하는 효과도 있어요.

호박범벅

늙은 호박과 고구마, 각종 곡물이 다양하게 들어가 맛과 영양이 풍부해요.
소화가 잘되고 부기를 가라앉혀요.

재료

늙은 호박 500g
고구마 1개
대추 4개
삶은 팥 1/2컵
검은콩 1/3컵
좁쌀 2큰술
찹쌀가루 1/2컵
소금 1/2큰술
물 12컵

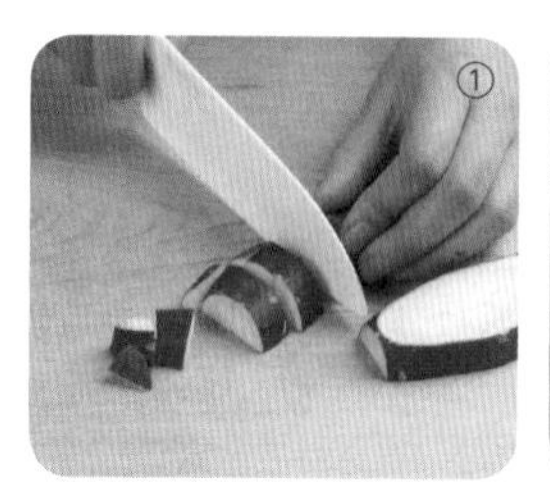
①
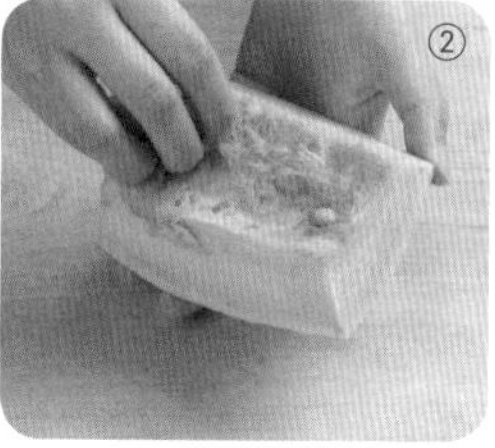
②

③

1 **재료 손질하기** 검은콩은 물에 불리고, 고구마는 깍둑썰기 한다. 대추는 씨를 빼고 채 썬다.
2 **늙은 호박 쪄서 속 파기** 늙은 호박은 큼직하게 잘라 씨를 빼고 찜통에 찐 뒤 속살만 긁어 냄비에 담는다.
3 **재료 끓이기** ②의 늙은 호박에 검은콩, 고구마, 삶은 팥, 대추를 넣고 물을 부어 푹 끓인다.
4 **찹쌀가루·좁쌀 넣기** 콩이 물러지면 찹쌀가루와 좁쌀을 넣고 눌어붙지 않게 계속 저어가며 끓인다.
5 **간하기** 소금으로 간해 약한 불에서 푹 끓인다.

Tip 범벅은 여러 재료를 합해 끓인 전통 죽으로 다양한 곡물이 들어가요.

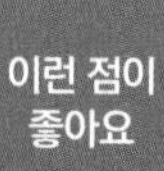

변비를 예방하고 부기를 가라앉혀요

늙은 호박은 위 점막을 보호하는 기능이 있어 위가 약한 사람이나 회복기 환자에게도 부담이 없는 식품이에요. 고구마는 식이섬유가 풍부해 변비를 예방하고, 칼륨이 많아 나트륨의 배출을 촉진해요. 늙은 호박과 고구마 모두 부기를 빼는 데 탁월한 효과가 있어요.

산수유새우죽

새콤한 산수유와 오동통한 새우살을 넣은 색다른 죽이에요.
원기를 보충하고 간을 튼튼하게 해요.

재료

불린 쌀 1컵
산수유 10g
새우살 10g
실파 1뿌리
마늘 1쪽
소금 조금

산수유물
산수유 10g
물 7컵

①

②

1 **재료 손질하기** 새우살은 소금물에 씻어놓는다. 실파는 어슷하게 썰고, 마늘은 저민다.
2 **산수유 끓이기** 냄비에 산수유를 넣고 물을 부어 10분 정도 끓인다.
3 **재료 볶기** 두꺼운 냄비에 참기름을 두르고 실파, 마늘을 볶다가 새우살과 산수유물을 넣는다.
4 **죽 끓이고 간하기** ③에 불린 쌀을 넣고 센 불에서 저어가며 끓인 뒤, 불을 줄이고 소금으로 간한다.

Tip 산수유의 새콤한 맛이 새우의 비린 맛을 없애줘요.

이런 점이 좋아요

면역력을 높여줘요

산수유는 몸을 가볍게 하고 원기증진에 좋은 약재예요. 새우는 단백질과 칼슘, 미네랄이 풍부하고 비타민이 듬뿍 들어있어요. 혈중 콜레스테롤을 줄이는 타우린도 풍부해 간을 해독하고 면역력을 높여줍니다.

홍시죽

다홍빛이 예쁜 달콤한 찹쌀죽이에요. 홍시는 종합 비타민제라고 할 만큼 비타민이 풍부해 면역력 강화와 피로해소에 좋아요.

재료

불린 찹쌀 1컵
홍시 1개
꿀·소금 조금씩
물 7컵

1 **홍시 속 발라내기** 홍시를 반으로 갈라 숟가락으로 속만 발라놓는다.
2 **죽 끓이기** 두꺼운 냄비에 불린 찹쌀을 담고 물을 부어 저어가며 끓인다.
3 **홍시 넣고 간하기** 죽이 퍼지면 발라놓은 홍시와 소금을 넣고 한 번 더 끓인다. 그릇에 담아 꿀과 함께 낸다.

Tip 홍시를 오래 보관하려면 냉동실에 넣어 얼려두세요.

이런 점이 좋아요

비타민과 미네랄이 풍부해요

홍시는 비타민 C가 풍부해 피로해소에 좋아요. 카테킨 성분에 항암작용, 항산화작용이 있어 노화도 예방합니다. 꿀은 비타민과 미네랄이 풍부해 원기를 회복시키고 피로를 해소하며 피부를 촉촉하게 해요. 공부에 지치기 쉬운 청소년에게 좋은 식품입니다.

유자미음

새콤달콤한 유자즙을 넣어 부드럽게 끓인 미음이에요.
비타민이 풍부해 피로를 풀어줘요.

재료

불린 쌀 1컵
유자 1개
꿀·소금 조금씩
물 12컵

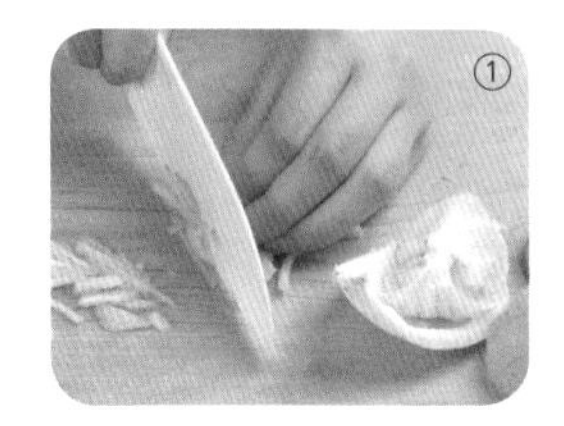

1 **유자 손질하기** 유자를 4등분해서 껍질의 노란 부분만 얇게 벗겨 곱게 채 썬다. 알맹이는 즙을 낸다.
2 **쌀 갈기** 불린 쌀을 물 1컵과 함께 블렌더에 곱게 갈아 체에 내린다.
3 **죽 끓이기** 두꺼운 냄비에 간 쌀과 물 11컵을 넣고 센 불에서 저어가며 끓인다.
4 **유자껍질 넣기** 쌀이 퍼지면 불을 줄이고 채 썬 유자껍질을 넣어 끓인다.
5 **유자즙 넣고 간하기** 유자즙을 넣고 소금으로 간한 뒤 그릇에 담아 꿀과 함께 낸다.

Tip 유자가 나오는 늦가을이 아니라면 유자절임으로 대신하세요.

피로를 풀고 면역력을 높여요

유자는 사과의 10배, 오렌지의 3배에 달하는 비타민이 들어있는 비타민 덩어리예요. 스트레스와 피로를 풀고 면역력을 높입니다. 감기를 예방하고 부은 목을 가라앉히는 데도 좋아요. 칼슘 함유량이 많아 골격형성에도 도움이 됩니다.

구기자죽

구기자 불린 물에 조갯살을 넣고 끓인 죽이에요.
눈이 아프거나 빨개졌을 때 먹으면 효과를 볼 수 있어요.

재료

불린 쌀 1컵
구기자 1/2컵
조갯살 1/2컵
간장 1/2큰술
다진 파 1큰술
다진 마늘 1/2작은술
참기름·소금 조금씩
물 7컵

1 **구기자 불리기** 구기자를 미지근한 물에 불린다.
2 **국물 내기** 두꺼운 냄비에 참기름을 두르고 조갯살, 다진 파, 다진 마늘, 간장을 넣어 볶다가 물을 부어 끓인다.
3 **죽 끓이기** 물이 끓으면 쌀과 불린 구기자를 넣고 저어가며 끓인다.
4 **간하기** 죽이 잘 퍼지면 소금으로 간한다.

Tip 구기자는 맛이 좋아서 떡, 밥, 죽, 차, 술 등에 다양하게 활용할 수 있어요.

이런 점이 좋아요

눈의 피로를 풀고 시력 저하를 예방해요

구기자는 눈 건강에 좋은 베타인이 풍부해 눈의 피로를 풀고 시력 저하와 눈 질환을 예방해요. 혈액순환을 원활하게 해 피부를 가꿔주고, 노화를 유발하는 활성산소를 배출하는 효과도 있습니다.

결명자죽

결명자차를 끓여 돼지 간을 넣고 죽을 쑤었어요.
결명자는 '밝게 하는 씨앗'이라는 뜻으로 눈에 좋아요.

재료

불린 쌀 1컵
삶은 돼지 간 100g
브로콜리 30g
당근 20g
간장 1작은술
청주 1/2큰술
다진 파 1작은술
다진 마늘 1/3작은술
깨소금·참기름·소금 조금씩

결명자물
볶은 결명자 10g
물 8컵

1 **결명자 끓이기** 결명자를 냄비에 넣고 물을 부어 끓인다.
2 **돼지 간 다지기** 삶은 돼지 간을 잘게 다진다.
3 **돼지 간 볶기** 두꺼운 냄비에 참기름을 두르고 다진 돼지 간, 간장, 청주, 다진 파, 다진 마늘, 깨소금을 넣어 볶는다.
4 **죽 끓이고 간하기** ③에 불린 쌀을 넣고 결명자물을 부어 센 불에서 저어가며 끓인 뒤 소금으로 간한다.

Tip 돼지 간을 구하기 어려우면 순대 파는 집에서 삶은 돼지 간을 사세요.

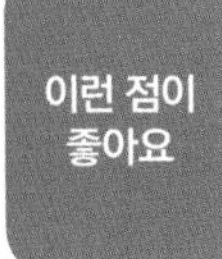

눈을 밝게 하고 기력을 보충해요

결명자는 눈을 밝게 해 한방에서 각종 눈질환에 처방하는 약재예요. 원기회복과 숙취해소에도 효과가 좋아요. 돼지 간은 양질의 단백질과 지방, 비타민 B군, 미네랄, 철분이 풍부해 빈혈에 좋고 스태미나를 높여줍니다.

쑥콩가루죽

콩가루와 쑥을 넣어 향기가 좋은 찹쌀죽이에요.
장을 튼튼하게 하고 기운을 돋우며 혈액순환을 좋게 해요.

재료

불린 찹쌀 1컵
쑥 20g
콩가루 2큰술
소금 조금
물 7컵

1 **쑥 데치기** 쑥을 다듬어 끓는 물에 살짝 데친 뒤, 찬물에 헹궈 꼭 짜서 먹기 좋게 썬다.
2 **죽 끓이기** 두꺼운 냄비에 불린 쌀과 물을 넣고 센 불에서 저어가며 끓인다.
3 **쑥·콩가루 넣기** 쌀이 반 정도 익으면 불을 약하게 줄이고 데친 쑥과 콩가루를 넣어 저어가며 끓인다.
4 **간하기** 죽이 푹 퍼지면 소금으로 간한다.

Tip 쑥을 데쳐서 조그맣게 뭉쳐 냉동실에 얼려두면 필요할 때마다 꺼내 쓰기 편해요. 제철이 아닐 때는 쑥가루를 써도 됩니다.

이런 점이 좋아요

몸을 따뜻하게 하고 숙변을 내보내요

쑥은 몸을 따뜻하게 하고 혈액순환을 도와 피를 맑게 해요. 생리통 완화에 도움 되고 지혈효과도 뛰어납니다. 콩은 식이섬유가 풍부해 변비해소에 좋고 숙변을 내보내 장을 편안하게 해요. 비타민이 많아 노화방지, 피부미용에도 좋지요. 콩의 이소플라본은 항암작용으로도 유명합니다.

상추죽

상추는 불면증에 좋기로 잘 알려진 채소예요. 싱싱한 상추를 듬뿍 넣고 고추장으로 양념해 장국죽을 끓였어요.

재료

불린 쌀 1컵
상추 200g
파프리카 1/2개
새우살 50g
고추장 1/2큰술
소금 조금
물 7컵

양념장
간장 1큰술
다진 파 1작은술
다진 마늘 1/3작은술
깨소금·참기름 조금씩

1 **파프리카·새우살 준비하기** 파프리카는 작게 썰고, 새우살은 살짝 데친다.
2 **죽 끓이기** 두꺼운 냄비에 불린 쌀을 넣고 물을 부어 센 불에서 끓인다. 쌀이 절반 정도 퍼지면 불을 약하게 줄이고 고추장을 풀어 저어가며 끓인다.
3 **상추 뜯어 넣기** 쌀이 잘 퍼지면 상추를 뜯어 넣고 파프리카, 새우살을 넣어 조금 더 끓인다.
4 **간하기** 소금으로 간한 뒤 그릇에 담아 양념장과 함께 낸다.

Tip 상추는 연해서 맨 마지막에 넣어야 아삭함과 푸른색을 살릴 수 있어요.

스트레스를 풀고 불면증을 없애요

상추는 피로와 스트레스를 풀고, 하얀 즙 성분인 락투카리움이 불면증을 완화해요. 수분, 미네랄, 비타민이 신진대사를 촉진하고, 식이섬유가 변비를 해소해줍니다. 풍부한 비타민 A가 칼슘의 흡수를 도와 갱년기 여성의 골다공증 예방에도 좋아요.

더덕죽

쌉쌀한 맛과 향이 좋은 더덕죽은 기운을 돋울 뿐 아니라 피부를 가꿔주는 효능도 있어요. 인삼처럼 약효가 뛰어나 사삼이라고도 부릅니다.

재료

불린 쌀 1컵	다진 실파 1큰술
더덕 100g	소금 조금
굴 50g	물 7컵
새우살 50g	

1 **더덕 손질하기** 더덕은 껍질을 벗겨 씻은 뒤, 방망이로 살살 두드려 작게 찢는다.

2 **굴 씻기** 굴은 소금물에 흔들어 씻어 건진다.

3 **죽 끓이기** 두꺼운 냄비에 불린 쌀과 물을 넣고 센 불에서 끓인다.

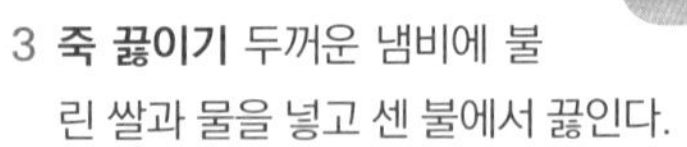

4 **더덕 넣고 간하기** 쌀이 퍼지면 불을 줄이고 더덕, 굴, 새우살, 실파를 넣어 끓인 뒤 소금으로 간한다.

Tip 더덕은 쌉쌀한 맛과 끈적임 때문에 보통 물에 담가두었다가 쓰지만, 좋은 성분을 살리려면 그대로 쓰는 게 좋아요.

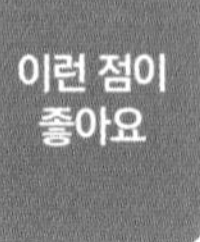

아토피성 피부염을 개선해요

더덕은 몸에 쌓인 독소를 배출해 피부질환, 아토피성 피부염을 개선해요. 식이섬유가 풍부하고 피로와 스트레스를 줄여주며, 젖을 잘 돌게 해 산모에게도 좋아요.

오미자응이

오미자를 우린 물에 녹두녹말을 섞어 끓인 죽이에요.
색이 곱고 달콤하며 마실 수 있을 정도로 부드러워 먹기 편해요.

재료

녹두녹말 1/2컵	**오미자물**
설탕 1/3컵	오미자 1/2컵
꿀·소금 조금씩	물 1컵
물 5컵	

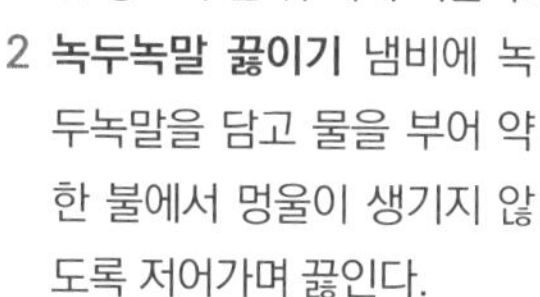

1 **오미자 우리기** 오미자를 찬 물에 재빨리 씻어 물에 하룻밤 정도 우린 뒤 체에 거른다.

2 **녹두녹말 끓이기** 냄비에 녹두녹말을 담고 물을 부어 약한 불에서 멍울이 생기지 않도록 저어가며 끓인다.

3 **오미자물 넣고 간하기** 녹말이 말갛게 익으면 오미자물과 설탕, 소금을 넣고 저어가며 끓인다. 그릇에 담아 꿀과 함께 낸다.

Tip 응이란 곡물의 녹말에 물을 넣고 묽게 끓인 음식이에요. 오미자는 너무 오래 끓이면 한약 냄새가 나니 주의하세요.

피부 트러블을 진정시켜요

오미자는 다섯 가지 맛이 난다는 이름처럼 오묘한 맛을 자랑하는 열매예요. 비타민과 구연산이 풍부해 피부를 탱탱하게 만들고 염증 등의 피부 트러블을 진정시켜요. 장내 세균의 균형을 조절해 신진대사를 원활하게 하고, 고혈압과 당뇨병 예방에도 도움을 줍니다.

죽과 어울리는 국과 반찬

죽상차림

죽 상차림에 특별한 격식은 없지만, 몇 가지만 알아두면
영양효율을 높이고 더 맛있게 먹을 수 있어요.
상차림 요령과 죽에 꼭 어울리는 국, 밑반찬, 김치를 소개합니다.
간소하고 정갈한 죽 상차림으로 맛과 영양을 챙기세요.

상차림 요령

죽상은 밥상과 달리 간소하게 차려요. 지나친 상차림은 오히려 죽 맛을 떨어뜨릴 수 있답니다. 담백한 국물과 간간한 밑반찬 정도만 곁들이면 충분합니다.

죽 죽은 바로 쑤어서 식기 전에 먹는다. 뜨거운 죽을 호호 불며 먹지 말고 작은 그릇에 덜어가며 먹어야 삭지 않는다. 죽 위에 참기름을 떨어뜨리거나 김가루를 뿌리면 더 맛있다.

간장 죽은 기본 간을 심심하게 한다. 상을 차릴 때 식성에 맞춰 간을 해 먹도록 간장이나 소금을 따로 낸다.

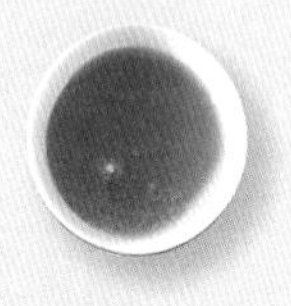

꿀 고소한 죽이나 새콤한 죽은 단맛을 더하면 맛있다. 꿀을 함께 내 입맛에 따라 넣어 먹을 수 있게 한다.

국 국은 담백하게 끓여 곁들인다. 심심하게 간한 된장국이나 북엇국, 미역국, 달걀국 등의 맑은 국이 잘 맞는다. 소금이나 새우젓으로 간을 맞춘 맑은 찌개도 어울린다.

반찬 북어보푸라기, 다시마조림, 마른새우볶음 등의 마른반찬이나 장조림, 콩자반, 무말랭이 같은 밑반찬, 짭짤한 장아찌나 젓갈 등을 반찬으로 낸다. 맛을 돋우고 영양을 보충할 수 있다.

김치 죽에는 맵고 자극적인 김치보다 시원하고 담백한 김치가 어울린다. 배추김치나 깍두기보다 백김치, 나박김치나 동치미같이 국물 있는 김치가 좋다.

죽과 함께 먹기 좋은 국

콩나물국

재료 콩나물 350g, 실파 1/2뿌리, 다진 마늘 1작은술, 참기름 1큰술, 소금 조금, 물 5컵

1 **콩나물·실파 손질하기** 콩나물은 맑은 물에 살살 흔들어 씻고, 실파는 1~2cm 길이로 썬다.
2 **콩나물 볶다가 물 붓기** 냄비에 참기름을 두르고 콩나물을 넣어 참기름이 배도록 살살 볶는다. 물을 붓고 뚜껑을 덮어 콩 비린내가 나지 않도록 끓인다.
3 **양념 넣고 간하기** 콩나물이 충분히 익으면 실파와 다진 마늘을 넣고 소금으로 간을 맞춘 뒤 한소끔 더 끓인다.

팽이미역장국

재료 불린 미역 1컵, 팽이버섯 1봉지, 미소된장 2큰술 **멸치다시마국물** 굵은멸치 10마리, 다시마(5×5cm)1장, 물 6컵

1 **멸치·다시마 준비하기** 멸치는 내장을 떼고, 다시마는 젖은 수건으로 잡티를 닦는다.
2 **멸치다시마국물 우리기** 냄비에 물을 붓고 멸치와 다시마를 넣어 끓인다. 국물이 우러나면 멸치와 다시마를 건져낸다.
3 **미역·팽이버섯 준비하기** 불린 미역은 박박 주물러 깨끗이 헹군 뒤 먹기 좋게 자르고, 팽이버섯은 2~3cm 길이로 썬다.
4 **된장 풀어 끓이기** 멸치다시마국물에 미역을 넣고 미소된장을 풀어 끓인다. 한소끔 끓어오르면 팽이버섯을 넣고 조금 더 끓인다.

묽게 끓인 죽이라도 국물을 곁들이면 더 잘 넘어가요. 무국이나 콩나물국, 미역장국, 달걀국 등 심심하게 끓인 맑은 국이나 된장국이 죽 상차림에 어울립니다.

쇠고기뭇국

재료 쇠고기(양지머리) 200g, 무 1/4개, 대파 1대, 국간장 4큰술, 다진 마늘 1큰술, 소금·후춧가루 조금씩, 물 6컵 **쇠고기 양념** 국간장·참기름 1큰술씩, 다진 마늘 1작은술

1 **쇠고기 양념하기** 쇠고기는 납작하게 썰어 쇠고기 양념으로 조물조물 무친다.
2 **무·대파 준비하기** 무는 깨끗이 씻어 사방 2.5cm 크기, 0.5cm 두께로 나박나박 썬다. 대파는 어슷하게 썬다.
3 **쇠고기국물 끓이기** 양념한 쇠고기를 냄비에 볶다가 물을 부어 끓인다.
4 **끓는 국에 무 넣기** 고기가 익으면 무를 넣고 떠오르는 거품은 걷어낸다. 한소끔 끓으면 파, 마늘을 넣고 국간장과 소금으로 간을 맞춘 뒤 후춧가루를 조금 넣는다.

달걀국

재료 달걀 3개, 팽이버섯 100g, 대파 1/2대, 소금 1작은술, 참기름·후춧가루 조금씩 **다시마국물** 다시마(5×5cm) 1장, 청주 1큰술, 소금 조금, 물 6컵

1 **달걀 풀기** 달걀에 소금을 넣고 젓가락으로 가만히 저어 곱게 푼다.
2 **팽이버섯 손질하기** 팽이버섯은 밑동을 잘라내고 씻어 반 자른다. 대파는 어슷하게 썬다.
3 **다시마국물 내기** 다시마에 물을 붓고 센 불에서 10분 정도 끓인 뒤 국물이 끓기 시작하면 다시마를 건진다. 청주를 넣고 소금으로 가볍게 간을 한다.
4 **달걀 흘려 붓기** 끓는 다시마국물에 푼 달걀을 흘려 붓고, 익기 시작하면 팽이버섯과 대파를 넣는다. 마지막에 참기름과 후춧가루로 맛을 낸다.

입맛 돋우는 별미 밑반찬

장조림

재료 쇠고기(사태 또는 양지머리) 600g, 꽈리고추 3~4개, 마른 고추 3개, 양파 1/2개, 대파 1대, 마늘 20쪽, 생강 1톨, 물 적당량, 통후추 조금 **조림장** 간장 6큰술, 설탕 2큰술, 청주 1큰술

1 **쇠고기 손질하기** 쇠고기는 기름을 떼고 8등분한 뒤 물에 담가 핏물을 뺀다.
2 **쇠고기 애벌 삶기** 냄비에 고기를 담고 고기가 잠길 정도로 물을 부어 20분 정도 삶는다. 고기 삶은 물은 체에 한 번 거른다.
3 **조림장 넣어 삶기** 냄비에 고기를 담고 간장, 설탕, 청주, 고기 삶은 물을 부어 끓이다가 한 번 우르르 끓으면 마늘, 생강, 대파, 양파, 마른 고추, 통후추를 넣는다.
4 **불 줄여 끓이기** 센 불에서 20분 정도 끓이다가 불을 약하게 줄이고 꽈리고추를 넣어 천천히 끓인다. 국물이 반으로 졸면 불에서 내려 식힌 뒤 결대로 찢어 그릇에 담는다.

콩자반

재료 검은콩 1컵, 물 2컵, 통깨 조금 **조림장** 마른 고추 2개, 간장 4큰술, 설탕 3큰술, 맛술 2큰술, 물엿 3큰술

1 **검은콩 물에 불리기** 검은콩을 물에 담가 2시간 이상 불린 뒤 체에 밭쳐 물기를 뺀다.
2 **불린 콩 삶기** 불린 콩을 냄비에 담고 물 2컵을 부어 끓인다. 콩 익는 냄새가 나면 불을 끈다.
3 **마른 고추 썰기** 마른 고추는 반 갈라 씨를 털어내고 큼직하게 썬다.
4 **조림장에 조리기** 삶은 콩에 간장, 설탕, 맛술, 마른 고추를 넣고 약한 불로 끓인다. 국물이 거의 졸아들면 물엿과 통깨를 넣어 고루 섞는다.

삼색북어보푸라기

재료 북어포 1마리 **소금 양념** 소금·참기름 2작은술씩 **간장 양념** 간장 2작은술, 설탕·참기름 1작은술씩, 깨소금·후춧가루 조금씩 **고춧가루 양념** 고춧가루·소금·설탕·참기름 1작은술씩, 깨소금 조금

1 **북어포 살 바르기** 북어를 강판이나 분마기에 갈아 보슬보슬하게 만든다.
2 **삼색 양념 준비하기** 각각의 양념 재료를 섞어 3가지 양념을 준비한다.
3 **양념에 버무리기** 북어보푸라기를 3등분해 그릇에 나눠 담고 각각의 양념으로 무친다.

죽상에는 입맛을 돋우는 짭조름한 밑반찬을 내는 게 좋아요. 장조림, 콩자반 같은 조림반찬이나 무말랭이무침 같은 간간한 반찬이 잘 어울립니다.

우엉조림

재료 우엉 200g, 곤약 100g, 식용유 3큰술, 통깨 1큰술 **조림장** 간장 2큰술, 설탕·맛술·물엿 1큰술씩, 물 1/2컵

1 **우엉 손질하기** 우엉은 칼등으로 껍질을 벗기고 5cm 길이로 토막 내어 나무젓가락 굵기로 채 썬 뒤 식촛물에 담가 아린 맛을 뺀다.
2 **곤약 채 썰기** 곤약도 우엉과 비슷한 굵기로 채 썬다.
3 **우엉·곤약 볶기** 달군 팬에 식용유를 두르고 우엉을 먼저 볶다가 곤약을 넣어 함께 볶는다.
4 **양념 넣어 조리기** 조림장 재료를 물엿을 빼고 끓이다가 볶은 우엉과 곤약을 넣고 뚜껑을 덮어 조린다. 마지막에 물엿을 넣어 윤기를 내고 통깨를 뿌린다.

무말랭이무침

재료 무말랭이 200g, 마른 고춧잎 30g, 간장 1/3컵 **무침 양념** 설탕 1큰술, 물엿 2큰술, 멸치액젓 1큰술, 물 2큰술, 고춧가루 1/2큰술, 다진 마늘 1작은술, 통깨 1큰술, 참기름 1/2큰술

1 **무말랭이 씻기** 무말랭이는 물에 재빨리 씻어 건져 고들고들한 상태일 때 물기를 꼭 짠다.
2 **고춧잎 불려 짜기** 고춧잎은 물에 부드럽게 불린 뒤 꼭 짠다.
3 **간장에 담그기** 무말랭이를 간장에 20분 정도 담갔다가 건져 고춧잎과 한데 담는다.
4 **양념에 무치기** 무침 양념을 모두 섞은 뒤 무말랭이와 고춧잎을 무쳐서 반찬통에 꼭 눌러 담는다.

어리굴젓

재료 생굴 400g, 무 100g, 배 1/4개, 밤 2개 **무침 양념** 고춧가루 4큰술, 소금 3큰술, 대파 1/4대, 마늘 2쪽, 생강 1톨

1 **굴 씻어 건지기** 굴은 알이 작고 싱싱한 것으로 골라 옅은 소금물에 흔들어 씻은 뒤 체에 밭쳐 물기를 뺀다.
2 **무·배·밤 준비하기** 무는 사방 1.5cm 크기로 납작하게 썰고, 배는 무와 비슷한 크기로 썬다. 밤은 굵게 채 썬다.
3 **대파·마늘·생강 채 썰기** 대파는 3cm 길이로 잘라 곱게 채 썰고, 마늘과 생강도 곱게 채 썬다.
4 **양념에 버무리기** 준비한 재료에 양념을 모두 넣고 골고루 버무린 뒤 병에 담아 서늘한 곳에 보관한다.

아삭하고 새콤한 김치·장아찌

동치미

재료 무(중간 크기) 20개, 굵은소금 3컵 **부재료** 배 2개, 갓 1/2단, 쪽파 1/4단, 삭힌 풋고추 12개, 대파(흰 부분) 10대, 마늘 3통, 생강 3톨 **소금물** 꽃소금 3컵, 물 50컵

1 **무 절이기** 중간 크기의 동치미 무를 골라 솔로 문질러 씻은 뒤, 소금에 굴려 하루 정도 절인다.
2 **부재료 준비하기** 배는 껍질째 4등분하고, 갓과 쪽파는 소금에 절인 뒤 두세 가닥씩 말아 묶는다. 대파는 반 자르고 마늘과 생강은 저민 뒤 파, 마늘, 생강을 모두 거즈 주머니에 넣는다.
3 **김치통에 담기** 김치통에 파, 마늘, 생강을 담은 거즈 주머니를 놓고 절인 무와 배, 갓과 쪽파를 켜켜이 담는다. 중간 중간 삭힌 고추도 넣는다.
4 **소금물 붓기** 무거운 것으로 누르고 소금물을 가득 부어 익힌다. 익으면 무는 반달 모양, 무청은 3~4cm로 썰어 국물과 함께 담아 낸다.

나박김치

재료 무 1개(500g), 배추속대 1/2포기, 꽃소금 1컵 **부재료** 미나리 2줄기, 쪽파 2뿌리, 붉은 고추 1개, 대파(흰 부분) 6cm, 마늘 1통, 생강 1톨 **김칫국물** 고춧가루 2큰술, 꽃소금 4큰술, 설탕 1큰술, 물 10컵

1 **무·배추 썰기** 무는 나박나박 썰고 배추속대는 길게 반 갈라 무와 같은 크기로 썬다. 각각 소금을 뿌려 절인다.
2 **부재료 준비하기** 미나리와 쪽파는 3cm 길이로 썰고, 고추와 대파도 비슷한 길이로 채 썬다. 마늘과 생강은 곱게 채 썬다.
3 **김치 버무리기** 절인 무와 배추를 여러 번 헹궈 물기를 뺀 뒤 ②의 부재료와 섞어 김치통에 담는다.
4 **김칫국물 붓기** 고춧가루를 면 보자기에 싸서 물에 흔들어 붉은 고춧물을 낸 뒤, 소금과 설탕으로 맛을 내 나박김치가 담긴 통에 붓는다.

백김치

재료 배추 5포기, 굵은소금 6컵(1.5kg) **김치 소** 무 2개(3kg), 배 1개, 미나리 1단, 쪽파·대파 1/2단씩, 마늘 5통, 생강 2톨, 실고추 20g, 불린 표고버섯 4개, 석이버섯 5장, 밤·대추 10개씩, 잣 2큰술, 꽃소금 1/2컵 **김칫국물** 배 1개, 새우젓 1/2컵, 소금 2/3컵, 설탕 조금, 물 4L

1 **배추 절이기** 배추는 반으로 쪼개서 소금물에 10시간 정도 절인 뒤 깨끗이 헹궈 체에 밭친다.
2 **부재료 준비하기** 미나리와 쪽파는 4cm 길이로 썰고, 무와 배도 비슷한 길이로 채 썬다. 대파는 흰 부분만 채 썬다. 마늘, 생강, 밤, 대추, 불린 표고버섯은 채 썰고, 실고추와 석이버섯은 적당한 크기로 자른다.
3 **김치 소 넣기** 소 재료를 버무려 절인 배춧잎 사이에 골고루 펴 넣고 배추 겉잎으로 감싸 통에 꾹 눌러 담는다.
4 **김칫국물 붓기** 배와 새우젓을 곱게 갈아 나머지 재료와 섞은 뒤 김치통에 배추가 잠기도록 붓는다.

시원한 국물김치, 아삭하고 새콤한 오이소박이, 간간한 오이지와 장아찌….
죽 상차림에는 별다른 반찬 필요 없이 잘 익은 김치나 장아찌 한 가지만 있어도 충분합니다.

오이소박이

재료 오이 10개, 꽃소금 1/2컵, 물 10컵 **김치 소** 부추 1/2단, 고춧가루 1/2컵, 다진 파 4큰술, 다진 마늘 2큰술, 다진 생강 1작은술, 소금·설탕 조금씩, 물 1/2컵 **김칫국물** 꽃소금 1큰술, 물 4컵

1 **오이에 칼집 넣기** 오이는 소금으로 문질러 씻어 6~7cm 길이로 토막 낸 뒤 열십자로 칼집을 넣는다. 소금물에 1시간 정도 절여 물기를 꼭 짠다.
2 **부추 다듬기** 부추는 흐르는 물에 살살 씻어 물기를 뺀 뒤 1cm 길이로 썬다.
3 **소 만들기** 고춧가루를 물에 잘 갠 뒤 부추, 파, 마늘, 생강을 넣어 섞고 소금, 설탕으로 맛을 낸다.
4 **오이에 소 넣기** 절인 오이에 ③의 소를 채워 넣는다. 칼집 낸 곳을 살짝 벌려 소를 집어넣고 빠져나오지 않도록 꽉 쥔 뒤 김치통에 눌러 담는다.
5 **김칫국물 부어 익히기** 남은 소는 김칫국물로 가셔서 오이소박이 위에 골고루 뿌린다.

오이지냉국

재료 오이지 1개, 실파 1/2뿌리, 고춧가루 1작은술, 식초 조금, 물 4컵

1 **오이지 썰기** 오이지를 동글동글하게 썰어 찬물에 담가 소금기를 적당히 뺀다.
2 **물 붓고 양념하기** 소금 맛이 적당히 우러나면 다시 물을 붓고 고춧가루와 송송 썬 실파를 넣는다. 입맛에 따라 식초로 맛을 낸다.

• 오이지 담그기
백오이(다다기 오이)를 소금으로 문질러 깨끗이 씻은 뒤, 김치통이나 항아리에 담고 소금물을 끓여 식혀서 붓는다. 물과 소금의 비율은 10:1이 적당하다. 오이가 떠오르지 않도록 무거운 것으로 눌러둔다. 열흘 정도 지나면 익는다.

마늘장아찌

재료 풋마늘 50통 **삭히는 물** 굵은소금 1컵, 물 6컵 **단촛물** 식초·물 5컵씩, 간장 2컵, 설탕 3컵, 소금 2큰술

1 **마늘 손질해 소금물에 삭히기** 마늘을 겉껍질은 벗기고 속껍질은 조금 남겨둔다. 손질한 마늘을 소금물에 약 1주일 동안 삭힌다.
2 **단촛물 만들기** 물에 설탕과 소금을 넣어 녹이고, 식초와 간장을 섞어 새콤달콤한 단촛물을 만든다.
3 **마늘에 단촛물 붓기** 소금물에 삭힌 마늘을 병에 담고 뜨지 않도록 돌로 누른 뒤 단촛물을 마늘이 잠기도록 붓는다.
4 **국물 끓여 붓기** 1주일 뒤에 국물을 냄비에 따라 붓고 팔팔 끓여 완전히 식힌 다음 다시 병에 붓는다. 한 달 정도 지나 마늘이 잘 삭으면 먹는다.

• 리스컴이 펴낸 책들 •

• 요리

맛있는 밥을 간편하게 즐기고 싶다면
뚝딱 한 그릇, 밥

덮밥, 볶음밥, 비빔밥, 솥밥 등 별다른 반찬 없이도 맛있게 먹을 수 있는 한 그릇 밥 76가지를 소개한다. 한식부터 외국 음식까지 메뉴가 풍성해 혼밥으로 별식으로, 도시락으로 다양하게 즐길 수 있다. 레시피가 쉽고, 밥 짓기 등 기본 조리법과 알찬 정보도 가득하다.

장연정 지음 | 216쪽 | 188×245mm | 14,000원

영양학 전문가의 맞춤 당뇨식
최고의 당뇨 밥상

영양학 전문가들이 상담을 통해 쌓은 데이터를 기반으로 당뇨 환자들이 가장 맛있게 먹으며 당뇨 관리에 성공한 메뉴를 추렸다. 한 상 차림부터 한 그릇 요리, 브런치, 샐러드와 당뇨 맞춤 음료, 도시락 등으로 구성해 매일 활용할 수 있으며, 조리법도 간단하다.

마켓온오프 지음 | 256쪽 | 188×245mm | 16,000원

입맛 없을 때, 간단하고 맛있는 한 끼
뚝딱 한 그릇, 국수

비빔국수, 국물국수, 볶음국수 등 입맛 살리는 국수 63가지를 담았다. 김치비빔국수, 칼국수 등 누구나 좋아하는 우리 국수부터 파스타, 미고렝 등 색다른 외국 국수까지 메뉴가 다양하다. 국수 삶기, 국물 내기 등 기본 조리법과 함께 먹으면 맛있는 밑반찬도 알려준다.

장연정 지음 | 200쪽 | 188×245mm | 14,000원

치료 효과 높이고 재발 막는 항암요리
암을 이기는 최고의 식사법

암 환자들의 치료 효과를 높이고 재발을 막는 데 도움이 되는 음식을 소개한다. 항암치료 시 나타나는 증상별 치료식과 치료를 마치고 건강을 관리하는 일상 관리식으로 나눠 담았다. 항암 식생활, 항암 식단에 대한 궁금증 등 암에 관한 정보도 꼼꼼하게 알려준다.

마켓온오프 지음 | 280쪽 | 188×245mm | 18,000원

후다닥 쌤의
후다닥 간편 요리

구독자 수 37만 명의 유튜브 '후다닥요리'의 인기 집밥 103가지를 소개한다. 국·찌개, 반찬, 김치, 한 그릇 밥·국수, 별식과 간식까지 메뉴가 다양하다. 저자가 애용하는 양념, 조리도구, 조리 비법을 알려주고, 모든 메뉴에 QR코드를 수록해 동영상도 볼 수 있다.

김연정 지음 | 248쪽 | 188×245mm | 16,000원

내 몸이 가벼워지는 시간
샐러드에 반하다

한 끼 샐러드, 도시락 샐러드, 저칼로리 샐러드, 곁들이 샐러드 등 쉽고 맛있는 샐러드 레시피 64가지를 소개한다. 각 샐러드의 전체 칼로리와 드레싱 칼로리를 함께 알려줘 다이어트에도 도움이 된다. 다양한 맛의 45가지 드레싱 등 알찬 정보도 담았다.

장연정 지음 | 184쪽 | 210×256mm | 14,000원

먹을수록 건강해진다!
나물로 차리는 건강밥상

생나물, 무침나물, 볶음나물 등 나물 레시피 107가지를 소개한다. 기본 나물부터 토속 나물까지 다양한 나물반찬과 비빔밥, 김밥, 파스타 등 나물로 만드는 별미요리를 담았다. 메뉴마다 영양과 효능을 소개하고, 월별 제철 나물, 나물요리의 기본요령도 알려준다.

리스컴 편집부 | 160쪽 | 188×245mm | 12,000원

점심 한 끼만 잘 지켜도 살이 빠진다
하루 한 끼 다이어트 도시락

맛있게 먹으면서 건강하게 살을 빼는 다이어트 도시락. 영양은 가득하고 칼로리는 200~300kcal대로 맞춘 저칼로리 도시락으로, 샐러드, 샌드위치, 별식, 기본 도시락 등 다양한 메뉴를 담았다. 다이어트 도시락을 쉽고 맛있게 싸는 알찬 정보도 가득하다.

최승주 지음 | 176쪽 | 188×245mm | 15,000원

맛과 영양을 담은 피클·장아찌·병조림 60가지
자연으로 차린 사계절 저장식

맛있고 건강한 홈메이드 저장식을 알려주는 레시피북. 기본 피클, 장아찌부터 아보카도장이나 낙지장 등 요즘 인기 있는 레시피까지 모두 수록했다. 제철 재료 캘린더, 조리 팁까지 꼼꼼하게 알려줘 요리 초보자도 실패 없이 맛있는 저장식을 만들 수 있다.

손성희 지음 | 176쪽 | 188×235mm | 14,000원

고단백 저지방
닭가슴살 다이어트 레시피

고단백 저지방 닭가슴살은 다이어트 식품으로 가장 좋다. 이 책은 샐러드, 구이, 한 그릇 요리, 도시락 등 쉽고 맛있는 닭가슴살 요리 65가지를 소개한다. 김밥, 파스타 등 인기 메뉴부터 별미로 메뉴까지 매일 맛있게 먹으며 즐겁게 다이어트할 수 있다.

이양지 지음 | 160쪽 | 188×245mm | 13,000원

천연 효모가 살아있는 건강빵

천연발효빵

맛있고 몸에 좋은 천연발효빵을 소개한 책. 홈 베이킹을 넘어 건강한 빵을 찾는 웰빙족을 위해 과일, 채소, 곡물 등으로 만드는 천연발효종 20가지와 천연발효종으로 굽는 건강빵 레시피 62가지를 담았다. 천연발효빵 만드는 과정이 한눈에 들어오도록 구성되었다.

고상진 지음 | 328쪽 | 188×245mm | 19,800원

건강한 약차, 향긋한 꽃차

오늘도 차를 마십니다

맛있고 향긋하고 몸에 좋은 약차와 꽃차 60가지를 소개한다. 각 차마다 효능과 마시는 방법을 알려줘 자신에게 맞는 차를 골라 마실 수 있다. 차를 더 효과적으로 마실 수 있는 기본 정보와 다양한 팁도 담아 누구나 향기롭고 건강한 차 생활을 즐길 수 있다.

김달래 감수 | 200쪽 | 188×245mm | 15,000원

빵으로 쉽게, 비건 라이프

더 맛있는 비건 베이킹

우유, 버터, 달걀, 설탕을 빼고 채소, 과일, 견과 등을 듬뿍 넣은, 맛있는 비건 베이킹을 소개한다.파운드케이크, 머핀, 스콘, 쿠키, 케이크 등 누구나 좋아하는 메뉴로 식사나 간식, 선물로 좋다. 레시피가 쉽고, 종류별로 기본 과정을 상세히 설명해 다양하게 응용할 수 있다.

후지이 메구미 지음 | 144쪽 | 188×245mm | 14,000원

혼술집술을 위한 취향저격 칵테일 81

오늘 집에서 칵테일 한 잔 어때?

인기 유튜버 리니비니가 요즘 바에서 가장 인기 있고, 유튜브에서 많은 호응을 얻은 칵테일 81가지를 소개한다. 모든 레시피에 맛과 도수를 표시하고 베이스 술과 도구, 사용법까지 꼼꼼하게 담아 칵테일 초보자도 실패 없이 맛있는 칵테일을 만들 수 있다.

리니비니 지음 | 200쪽 | 130×200mm | 14,000원

정말 쉽고 맛있는 베이킹 레시피 54

나의 첫 베이킹 수업

기본 빵부터 쿠키, 케이크까지 초보자를 위한 베이킹 레시피 54가지. 바삭한 쿠키와 담백한 스콘, 다양한 머핀과 파운드케이크, 폼 나는 케이크와 타르트, 누구나 좋아하는 인기 빵까지 모두 담겨있다. 베이킹을 처음 시작하는 사람에게 안성맞춤이다.

고상진 지음 | 216쪽 | 188×245mm | 14,000원

건강하고 예뻐지는 증상별 맞춤 주스

생생 비타민 주스

영양이 살아있는 채소·과일주스 152가지를 내 몸을 살리는 건강주스, 미용주스, 활력충전 주스, 아이를 위한 영양만점 주스 등으로 나눠 소개한다. 스트레스와 만성피로부터 피부미용, 다이어트, 감기, 성인병, 두뇌발달 등 몸을 건강하게 만들어주는 생주스 레시피가 담겨있다.

김경미 지음 | 152쪽 | 190×245mm | 9,800원

부드럽고 달콤하고 향긋한 8×8가지의 슈와 크림

내가 가장 좋아하는 슈크림

누구나 좋아하는 부드러운 슈크림 레시피북. 기본 슈크림부터 화려하고 고급스러운 슈 과자 레시피까지 이 책 한 권에 모두 담았다. 레시피마다 20컷 이상의 자세한 과정사진이 들어가 있어 그대로 따라 하기만 하면 초보자도 향긋하고 부드러운 슈크림을 만들 수 있을 것이다.

후쿠다 준코 지음 | 144쪽 | 188×245mm | 13,000원

로푸드 다이어트 레시피 103

로푸드 디톡스

로푸드는 체내의 독소를 제거하고 면역력을 높여줘 자연스럽게 다이어트까지 이어지도록 한다. 로푸드 레시피 103개와 주스 펄프 사용법, 활용도 만점 드레싱 등 플러스 레시피가 수록돼있어 로푸드가 낯선 사람이라도 어렵지 않게 시작할 수 있도록 돕는다.

이지연 지음 | 216쪽 | 210×265mm | 12,000원

예쁘고, 맛있고, 정성 가득한 나만의 쿠키

Sweet Cookie 스위트 쿠키 50

베이킹이 처음이라면 쿠키부터 시작해보자. 재료를 섞고, 모양내고, 굽기만 하면 끝! 버터 쿠키, 초콜릿 쿠키, 팬시 쿠키, 과일 쿠키, 스파이시 쿠키, 너트 쿠키 등으로 파트를 나눠 예쁘고 맛있고 만들기 쉬운 쿠키 만드는 법 50가지와 응용 레시피를 소개하고 있다.

스테이시 아디만도 지음 | 144쪽 | 188×245mm | 13,000원

맛있게 시작하는 비건 라이프

비건 테이블

누구나 쉽게 맛있는 채식을 시작할 수 있도록 돕는 비건 레시피북. 요즘 핫한 스무디 볼부터 파스타, 햄버그스테이크, 아이스크림까지 88가지 맛있고 다양한 비건 요리를 소개한다. 건강한 식단 비건 구성법, 자주 쓰이는 재료 등 채식을 시작하는 데 필요한 정보도 담겨있다.

소나영 지음 | 200쪽 | 188×245mm | 15,000원

• 취미 | 인테리어

뇌 건강에 좋은 꽃그림 그리기

사계절 꽃그림 컬러링 북

꽃그림을 색칠하며 뇌 건강을 지키는 컬러링 북. 컬러링은 인지 능력을 높이기 때문에 시니어들의 뇌 건강을 지키는 취미로 안성맞춤이다. 이 책은 색연필을 사용해 누구나 쉽고 재미있게 색칠할 수 있다. 꽃그림을 직접 그려 선물할 수 있는 포스트 카드도 담았다.

정은희 지음 | 96쪽 | 210×265mm | 13,000원

만들기 쉽고 예쁜

심플 원피스

직접 만들어 예쁘게 입는 나만의 원피스. 귀여운 체크무늬 원피스, 여성스러운 투 컬러 원피스, 편하고 실용적인 A라인 원피스, 우아한 박스 원피스 등 27가지 베이직 스타일 원피스를 담았다. 실물 크기 패턴도 함께 수록되어 있어 초보자도 뚝딱 만들 수 있다.

부티크 지음 | 112쪽 | 210×256mm | 13,000원

119가지 실내식물 가이드 양장

실내식물 죽이지 않고 잘 키우는 방법

반려식물로 삼기 적합한 119가지 실내식물의 특징과 환경, 적절한 관리 방법을 알려주는 가이드북. 식물에 대한 정보를 위치, 빛, 물과 영양, 돌보기로 나누어 보다 자세하게 설명한다. 식물을 키우며 겪을 수 있는 여러 문제에 대한 해결책도 제시한다.

베로니카 피어리스 지음 | 144쪽 | 150×195mm | 16,000원

우리 집을 넓고 예쁘게

공간 디자인의 기술

집 안을 예쁘고 효율적으로 꾸미는 방법을 인테리어의 핵심인 배치, 수납, 장식으로 나눠 알려준다. 포인트를 콕콕 짚어주고 알기 쉬운 그림을 곁들여 한눈에 이해할 수 있다. 결혼이나 이사를 하는 사람을 위해 집 구하기와 가구 고르기에 대한 정보도 자세히 담았다.

가와카미 유키 지음 | 240쪽 | 170×220mm | 15,000원

내 집은 내가 고친다

집수리 닥터 강쌤의 셀프 집수리

집 안 곳곳에서 생기는 문제들을 출장 수리 없이 내 손으로 고칠 수 있게 도와주는 책. 집수리 전문가이자 인기 유튜버인 저자가 25년 경력을 통해 얻은 노하우를 알려준다. 전 과정을 사진과 함께 자세히 설명하고, QR코드를 수록해 동영상도 볼 수 있다.

강태운 지음 | 272쪽 | 190×260mm | 22,000원

• 임신출산 | 자녀교육

산부인과 의사가 들려주는 임신 출산 육아의 모든 것

똑똑하고 건강한 첫 임신 출산 육아

임신 전 계획부터 산후조리까지 현대를 살아가는 임신부를 위한 똑똑한 임신 출산 육아 교과서. 20년 산부인과 전문의가 인터넷 상담, 방송 출연 등을 통해 알게 된, 임신부들이 가장 궁금해하는 것과 꼭 알아야 것들을 알려준다.

김건오 지음 | 352쪽 | 190×250mm | 17,000원

아기는 건강하게, 엄마는 날씬하게

소피아의 임산부 요가

임산부의 건강과 몸매 유지를 위해 슈퍼모델이자 요가 트레이너인 박서희가 제안하는 맞춤 요가 프로그램. 임신 개월 수에 맞춰 필요한 동작을 사진과 함께 자세히 소개하고, 통증을 완화하는 요가, 남편과 함께 하는 커플 요가, 회복을 돕는 산후 요가 등도 담았다.

박서희 지음 | 176쪽 | 170×220mm | 12,000원

말 안 듣는 아들, 속 터지는 엄마

아들 키우기, 왜 이렇게 힘들까

20만 명이 넘는 엄마가 선택한 아들 키우기의 노하우. 엄마는 이해할 수 없는 남자아이의 특징부터 소리치지 않고 행동을 변화시키는 아들 맞춤 육아법까지. 오늘도 아들 육아에 지친 엄마들에게 '슈퍼 보육교사'로 소문난 자녀교육 전문가가 명쾌한 해답을 제시한다.

하라사카 이치로 지음 | 192쪽 | 143×205mm | 13,000원

아이는 엄마의 감정을 먹고 자란다

내 아이를 위한 엄마의 감정 공부

엄마의 감정 육아는 아이의 정서에 나쁜 영향을 미친다. 엄마들을 위한 8일간의 감정 공부 프로그램을 그대로 책에 담았다. 감정을 정리하고 자녀와 좀 더 가까워지는 방법을 안내한다. 사례가 풍부하고 워크지도 있어 책을 읽으면서 바로 활용할 수 있다.

양선아 지음 | 272쪽 | 152×223mm | 15,000원

성인 자녀가 부모와 단절하는 원인과 갈등을 회복하는 방법

자녀는 왜 부모를 거부하는가

최근 부모 자식 간 관계 단절 현상이 늘고 있다. 심리학자인 저자가 자신의 경험과 상담 사례를 바탕으로 그 원인을 찾고 해답을 제시한다. 성인이 되어 부모와 인연을 끊는 자녀들의 심리와, 그로 인해 고통받는 부모에 대한 위로, 부모와 자녀 간의 화해 방법이 담겨있다.

조슈아 콜먼 지음 | 328쪽 | 152×223mm | 16,000원

• 건강 | 다이어트

아침 5분, 저녁 10분
스트레칭이면 충분하다
몸은 튼튼하게 몸매는 탄력 있게 가꿀 수 있는 스트레칭 동작을 담은 책. 아침 5분, 저녁 10분이라도 꾸준히 스트레칭하면 하루하루가 몰라보게 달라질 것이다. 아침저녁 동작은 5분을 기본으로 구성하고 좀 더 체계적인 스트레칭 동작을 위해 10분, 20분 과정도 소개했다.
박서희 지음 | 152쪽 | 188×245mm | 13,000원

라인 살리고, 근력과 유연성 기르는 최고의 전신 운동
필라테스 홈트
필라테스는 자세 교정과 다이어트 효과가 매우 큰 신체 단련 운동이다. 이 책은 전문 스튜디오에 나가지 않고도 집에서 얼마든지 필라테스를 쉽게 배울 수 있는 방법을 알려준다. 난이도에 따라 15분, 30분, 50분 프로그램으로 구성해 누구나 부담 없이 시작할 수 있다.
박서희 지음 | 128쪽 | 215×290mm | 10,000원

통증 다스리고 체형 바로잡는
간단 속근육 운동
통증의 원인은 속근육에 있다. 한의사이자 헬스 트레이너가 통증을 근본부터 해결하는 속근육 운동법을 알려준다. 마사지로 풀고, 스트레칭으로 늘이고, 운동으로 힘을 키우는 3단계 운동법으로, 통증 완화는 물론 나이 들어서도 아프지 않고 지낼 수 있는 건강관리법이다.
이용현 지음 | 156쪽 | 182×235mm | 12,000원

하루 20분, 평생 살찌지 않는 완벽 홈트
오늘부터 1일
평생 살찌지 않는 체질을 만들어주는 여성용 셀프PT 가이드북. 스타트레이너 김지훈이 군살은 쏙 빼고 보디라인은 탄력 있게 가꿔주는 하루 20분 운동을 소개한다. 하루 20분 운동으로 굶지 않고 누구나 부러워하는 늘씬한 몸매를 만들어보자.
김지훈 지음 | 280쪽 | 188×245mm | 16,000원

I LOVE YOGA 양장
나는 요가가 좋아요!
나무, 산, 낙타, 나비, 강아지 등 자연과 실생활에서 접할 수 있는 14가지 요가 동작을 예쁜 그림과 함께 소개한 책. 간단한 동작과 설명글, 영어로 된 원문까지 함께 나와 있어 그림책 보듯이 재미있게 보면서 요가를 익힐 수 있다. 국내 최고 요가전문가 박서희가 번역 및 감수했다.
에즈기 버크 지음 | 루키에 우루샨 그림 | 72쪽 210×220mm | 13,000원

• 자기계발 | 에세이

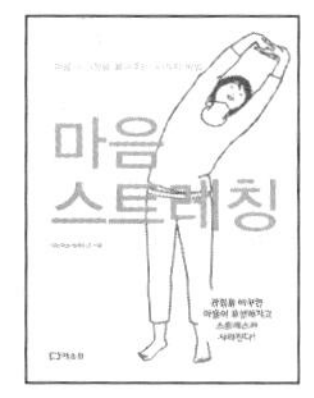

마음의 긴장을 풀어주는 30가지 방법
마음 스트레칭
불안이나 스트레스가 계속되면 긴장되고 마음이 굳어진다. 심리상담사가 30가지 상황별로 맞춤 처방을 내려준다. 뭉친 마음을 풀어 느긋하고 편안한 상태로 정돈하는 마음 스트레칭이다. 마음 스트레칭을 통해 긍정적이고 유연하며 자신감 있는 나를 만날 수 있다.
시모야마 하루히코 지음 | 184쪽 | 146×213mm |13,000원

마음이 부서지기 전에…
소심한 당신을 위한 멘탈 처방 70
인간관계에 어려움을 겪는 사람들을 위한 처방전. 정신과 전문의가 70가지 상황별로 대처하는 방법을 알려준다. 의사표현이 힘든 사람, 대인관계가 어려운 사람들에게 추천한다. '멘탈 닥터'의 처방을 따른다면 당신의 직장생활이 편해질 것이다.
멘탈 닥터 시도 지음 | 312쪽 | 146×205mm | 16,000원

스무 살의 부자 수업
나의 직업은 부자입니다
어떻게 하면 돈을 모으고, 잘 쓸 수 있는지 방법을 알려주는 돈 벌기 지침서. 스무 살 여대생의 도전기를 읽다 보면 32가지 부자가 되는 가르침을 익힐 수 있다. 이제 막 돈에 눈을 뜬 이십 대, 사회초년생을 비롯한 부자가 되기를 꿈꾸는 당신에게 추천한다.
토미츠카 아스카 지음 | 256쪽 | 152×223mm | 15,000원

꽃과 같은 당신에게 전하는 마음의 선물
꽃말 365
365일의 탄생화와 꽃말을 소개하고, 따뜻한 일상 이야기를 통해 인생을 '잘' 살아가는 방법을 알려주는 책. 두 딸의 엄마인 저자는 꽃말과 함께 평범한 일상 속에서 소중함을 찾고 삶을 아름답게 가꿔가는 지혜를 전해준다. 마음에 닿는 하루 한 줄 명언도 담았다.
조서윤 지음 | 정은희 그림 | 392쪽 | 130×200mm | 16,000원

1세대 푸드테이너 구본길의 음식과 인생
나는 요리하는 남자입니다
푸드테이너 1세대로 불리며 40여 년간 서양요리 전문가로 활동해온 구본길이 오랫동안 간직해온 자신의 이야기를 한 권의 책으로 엮었다. 외항선 생활, 밑바닥부터 일구어낸 요리 인생, 방송 활동 등 요리하는 남자 구본길의 맛깔 나는 요리와 인생 이야기를 만날 수 있다.
구본길 지음 | 216쪽 | 152×223mm | 15,000원

건강을 담은
한 그릇

맛있다, 죽

지은이 한복선(한복선식문화연구원 원장)
어시스트 지선아

사진 김인규
어시스트 심진보
진행 김은정 이예린

스타일링 우현주
어시스트 서지민 이소정
그릇협찬 우리그릇 려, 르크루제, 토판

편집 김연주 서지은
디자인 오은진 이선화
마케팅 김종선 이진목
경영관리 남옥규

인쇄 금강인쇄

초판 1쇄 2022년 6월 27일
초판 2쇄 2022년 9월 26일

펴낸이 이진희
펴낸곳 (주)리스컴

주소 서울시 강남구 밤고개로 1길 10, 수서현대벤처빌 1427호
전화번호 대표번호 02-540-5192
영업부 02-540-5193
편집부 02-544-5922, 5933
FAX 02-540-5194
등록번호 제2-3348

이 책의 저작권은 도서출판 리스컴과 저자 한복선에게 있으며,
이 책에 실린 사진과 글의 무단 전재와 무단 복제를 금합니다.
잘못된 책은 바꾸어 드립니다.

ISBN 979-11-5616-274-2 13590
책값은 뒤표지에 있습니다.

리스컴 블로그

리스컴 유튜브

리스컴 인스타그램